全国教育科学"十三五"规划2019年度教育部重点课题
"一带一路"倡议下中国—老挝农业职业教育合作机制研究
(DJA190344)研究成果

"一带一路"倡议下中国—老挝农业职业教育合作机制研究

禤美琦　赵　波　林　学　主编

中国农业大学出版社
·北京·

内 容 简 介

在中国与老挝落实"一带一路"倡议、构建命运共同体进程中，农业和减贫是重要合作领域，同时两国明确职业教育要服务中老大项目建设。本书遵循职业教育服务产业发展，培育中老两国共同利益的根本原则，梳理老挝农业和农业职业教育发展总体情况与发展需求，基于中老共同利益分析合作机制形成机理、运行机理、互动机理，搭建合作机制动因与基础的理论框架，进而从两国政策角度分析合作的职能定位、组织模式、合作机构遴选和保障等，并以广西农业职业技术大学与老方共同构建的"研—学—产"合作模式为样本，分析合作制度规范、质量控制举措、成效评估与应用等，构建一个系统的中国—老挝农业职业教育合作机制。

图书在版编目(CIP)数据

"一带一路"倡议下中国—老挝农业职业教育合作机制研究/禤美琦，赵波，林学主编. --北京：中国农业大学出版社，2024.11. --ISBN 978-7-5655-3331-0

Ⅰ. S-4

中国国家版本馆 CIP 数据核字第 2024JZ4682 号

书　　名　"一带一路"倡议下中国—老挝农业职业教育合作机制研究

"Yidai Yilu" Changyi xia Zhongguo—Laowo Nongye Zhiye Jiaoyu Hezuo Jizhi Yanjiu

作　　者　禤美琦　赵　波　林　学　主编

策划编辑　司建新　赵　艳　　**责任编辑**　赵　艳　刘艳平　李　想

封面设计　中通世奥图文中心

出版发行　中国农业大学出版社

社　　址　北京市海淀区圆明园西路 2 号　　**邮政编码**　100193

电　　话　发行部 010-62733489，1190　　读者服务部 010-62732336

编辑部 010-62732617，2618　　出　版　部 010-62733440

网　　址　http://www.caupress.cn　　**E-mail**　cbsszs@cau.edu.cn

经　　销　新华书店

印　　刷　运河(唐山)印务有限公司

版　　次　2024 年 11 月第 1 版　　2024 年 11 月第 1 次印刷

规　　格　185 mm×260 mm　　16 开本　　13.25 印张　　258 千字　　彩插 8

定　　价　49.00 元

编写人员

主　编　禤美琦　赵　波　林　学

副主编　王　形　罗月映　黄　杰　吕　峰

参　编　梁丕倖　蓝　婷　黎典明　韦　靖
　　　　　覃舒曼　朱　睿

前　　言

中国与老挝于1961年建交，2000年中老确立“长期稳定、睦邻友好、彼此信赖、全面合作”方针，两国关系逐渐深化。2009年中老关系提升至全面战略合作伙伴关系，2013年“一带一路”倡议提出后，老挝积极响应。同年，中共中央总书记、国家主席习近平同来华访问的时任老挝人民革命党中央总书记、国家主席朱马里会谈时，首次提出：中老关系不是一般意义的双边关系，而是具有广泛共同利益的命运共同体。中老分别于2019年与2023年签署《中国共产党和老挝人民革命党关于构建中老命运共同体行动计划》《中国共产党和老挝人民革命党关于构建中老命运共同体行动计划（2024—2028年）》。“一带一路”倡议提出后，中老两国合作进入快车道，坚持合作共赢，拉紧命运共同体利益纽带，其中农业和减贫是两国合作的重要领域，同时两国明确要开展职业教育合作办学，服务中老大项目建设。

在中老两国政策的引领和推动下，中国—老挝农业职业教育合作稳步推进，在农业试验站建设、农业人才培训、留学生教育、农村减贫发展等领域取得一定成效。但不容回避的是，中国—老挝农业职业教育合作的进展难以满足“一带一路”倡议和中老命运共同体建设的需求，在合作内容深度、合作项目广度、合作渠道多样化、合作平台建设等方面还有待提高。因此，必须具备体系性思维，将中国—老挝农业职业教育合作的研究关注点从技术操作层面扩展到组织管理体系层面，提升合作实践和研究层次，构建出一套科学、合理、操作性强的合作机制，促进中老政府、学校、企业、研究院等相关机构各尽其责，形成合力，推动合作有序运转，促进老挝农业职业教育发展，提升老挝农业发展水平，更好地服务于“一带一路”倡议和中老命运共同体建设。

全书分为六章，遵循职业教育服务产业发展，培育中老两国共同利益的根本原则，从宏观层面老挝国家发展与中老两国合作的共同利益、中观层面中老政府农业和职业教育合作政策、微观层面院校合作实践三个维度逐步深入，综合中老双方视角开展中国—老挝农业职业教育合作机制研究。第一章，简要介绍研究的背景与问题、研究目的与意义、研究思路与方法、研究创新与展望等；第二章，梳理老挝农业和农业职业教育发展的总体情况，为分析农业职业教育合作带来的两国共同利益奠定基础；第三章，阐述构建合作机制的共同利益缘起，基于中老共同利益分析合作机制形成机理、运行机理、互动机理，搭建合作机制动因与基础的理论框架；第四章，从两国政策规划角度分析合作的职能定位、组织模式、合作机构的遴选和保障等方面的内容，并总结广西农业职业技术大学等5所中国农业职业院校的合作举措与成效；第五章，以广西农业职业技术大学与老方共同构建的“研—学—产”合作模式为样本，分析农业试验站建设、农业人才培训、留学生教育、老挝分校建设等具体合作行为中存在的制度规范及质量控制举措；第六章，以广西农业职业技术大学与老方共同构建的“研—学—产”合作模式为样本，分析中老官方对农业职业教育合作增进中老两国共同利益的价值认同，评估老挝农业人才培养满意度及促进产业发展、减贫等成效，并阐述该模式推广应用情况。

本书系全国教育科学规划课题“‘一带一路’倡议下中国—老挝农业职业教育合作机制研究”（课题批准号DJA190344）的研究成果，是对中国—老挝农业职业教育合作机制建设的系统性研究和思考。广西农业职业技术大学与老挝农林与农村发展研究院、老挝东坎商农业技术学院等合作构建的“研—学—产”合作模式是该合作机制的具象成果，也是本课题研究成果的核心，获得2022年职业教育国家教学成果奖二等奖，并在2019年和2023年广西职业教育自治区级教学成果等次评定中评为一等等次，对中国职业院校对外合作具有可参考、可借鉴的价值。

编者

2024年8月

目　录

第一章

绪　　论

第一节　研究背景与问题的提出

一、研究背景

老挝于 1961 年 4 月 25 日和中国建交，2000 年中老确立"长期稳定、睦邻友好、彼此信赖、全面合作"方针，两国关系逐渐深化。2009 年中老关系提升至全面战略合作伙伴关系，2013 年"一带一路"倡议提出后，得到老挝积极响应。同年，中共中央总书记、国家主席习近平同来华访问的时任老挝人民革命党中央总书记、国家主席朱马里会谈时，首次提出"中老关系不是一般意义的双边关系，而是具有广泛共同利益的命运共同体"。中老于 2019 年和 2023 年分别签署《中国共产党和老挝人民革命党关于构建中老命运共同体行动计划》《中国共产党和老挝人民革命党关于构建中老命运共同体行动计划(2024—2028 年)》。"一带一路"倡议提出后，中老两国合作进入快车道，坚持合作共赢，拉紧命运共同体利益纽带，其中农业和减贫是两国合作的重要领域，同时两国明确要开展职业教育合作办学，服务中老大项目建设。

二、问题的提出

在中老两国政策的引领和推动下，中国—老挝农业职业教育合作稳步推进，在农业试验站建设、农业人才培训、留学生教育、农村减贫发展等领域取得一定成效。但不容回避的是，中国—老挝农业职业教育合作的进展难以满足"一带一路"倡议和中老命运共同体建设的需求，在合作内容深度、合作项目广度、合作渠道多样化、合作平台建设等方面还有待提高。制度供给是中国—老挝农业职业教育合作的支撑与推动力，而机制是制度的集大成者。因此,要解决这些问题,必须具备系统性思维,将中国—老挝农业职业教育合作的研究关注点从技术操作层面扩展到组织管理体系层面,提升合作实践和研究层次,开展中国—老挝农业职业教育合作机制研究,奠定合作的制度基础。

第二节　研究目的与意义

一、研究目的

运用系统性思维,将中国—老挝农业职业教育合作的研究重点从技术操作层面扩展到组织管理体系层面,通过分析老挝农业和农业职业教育现状与发展需求,以及两国开展农业职业教育合作的共同利益、组织管理和保障、合作规范与控制、合作效果评估与应用等,构建出一套科学、合理、操作性强的两国农业职业教育合作机制,促进中老政府、学校、企业、研究院等相关机构各尽其责形成合力,推动合作有序运转,促进老挝农业职业教育发展,提升老挝农业发展水平,更好地服务于"一带一路"倡议和中老命运共同体建设。

二、研究意义

1. 理论价值

本研究通过对中国—老挝农业职业教育合作机制的研究,使得研究关注点从技术实操层面扩展到组织管理体系层面,尤其是通过构建中老两国合作的共同利益理论分析框架,得以对中国—老挝农业职业教育合作进行系统分析,厘清其合作形成机理、运行机理和互动机理,为下一步剖析农业试验站建设、农业人才培训、留学生教育、老挝分校建设等中国—老挝农业职业教育合作实践经验,分析合作组织管理和保障、合作规范与质量控制、合作效果评估与应用等奠定基础。同时,从特殊性中发现共性,也可为中国与其他发展中国家开展职业教育合作实践和相关理论研究提供经验启示和路径参考;此外,课题组成员长期与老方开展合作交流,部分人员常驻中国—老挝合作农作物优良品种试验站、老挝东坎商农业技术学院,与老挝农林部、教育与体育部以及老挝农林与农村发展研究院、东坎商农业技术学院等保持着良好关系,老方农业职业院校和农业研究机构的人员也实质性参与中国—老挝农业职业教育合作实践与研究,在此研究过程中获得了丰富翔实的老挝国内农业职业教育现状、发展需求以及对合作成效的评价等一手数据和资料,推进了老挝农业职业教育的本土化研究进程,并从中老双方视角进行中老农业职业教育合作研究，使研究方法更为科学、研究结论更为可信。

2. 应用价值

农业是老挝发展的根本基础，我国帮助老挝发展农业和职业教育，推进减贫进程是“一带一路”倡议在老挝实施的关键环节之一，也是中老命运共同体建设的核心内容之一。目前中国—老挝农业职业教育合作中存在的一系列现实问题，关键原因是缺乏体系性的合作机制。课题组针对这些问题开展研究，从宏观层面老挝国家发展与中老两国合作的共同利益、中观层面中老政府农业和职业教育合作政策、微观层面院校合作实践三个层面，系统论述如何构建两国农业职业教育合作机制，将为广西农业职业技术大学、江苏农林职业技术学院等农业职业院校与老挝、越南、缅甸、柬埔寨等东盟国家以及非洲、南太平洋岛国等发展中国家开展农业职业教育合作提供现成的合作模式和操作规程，对中国职业院校开展其他领域的对外职业教育合作也具有重要借鉴和参考价值。

(1)通过构建中国—老挝农业职业教育合作机制，促进教育合作缺乏内生动力等问题的改变

目前中国—老挝农业职业教育合作的主要形式是短期培训项目、小规模留学生教育等，在一定程度上影响了合作的专业性、实效性和长期性。课题组针对这些问题进行重点研究，通过分析农业职业教育合作的职能定位、组织模式，进一步厘清政府、农业职业院校、农业研究院、中资农业企业等在其中的职责，并构建相应的工作机制，明确各个主体的工作边界，发挥政府统筹规划、服务协调、提供保障的责任，激发农业职业院校、农业研究院、中资农业企业等合作主体动力与资源投入的积极性，促进合作行稳致远。

(2)通过构建中国—老挝农业职业教育合作机制，促进中老两国相关机构专业化程度不高、工作缺少科学规范等问题的解决

目前，两国开展农业职业教育合作的机构包括农业职业院校、农业科研院所以及中资企业等，大部分机构缺乏开展对外合作交流的专业背景和经验，难以保障工作的专业性和规范性，更加难以推进两国农业职业教育的深度合作。因此，有必要分析广西农业职业技术大学“研—学—产”合作模式等两国开展农业职业教育合作的成功范例，梳理合作的流程与规范，为相关机构提供经验案例，促使其改进专业化程度不高、工作缺少科学规范性等问题。

(3)通过构建中国—老挝农业职业教育合作机制，促进老方积极性与参与度不高、教育效果有限等问题的解决

目前，中老农业职业教育合作主要局限在短期培训班、小规模留学生教育等方面，并且是由中方主导，老方基本是推荐人员到中国参加培养活动，没有参与课程开发、教

学和效果评估。同时,老方农业技术人员、涉农专业学生和农民能赴中国参加培训和留学的人数极少,回国后辐射带动作用极其有限,老挝农业真正发展还是依赖于提高老挝当地农业职业教育水平。因此,通过构建合作机制,推进中老合作扩大留学生教育规模,采取在老挝建设农业科研和培训基地、老挝分校等举措,激发老方参与合作的内生动力,切实提升老挝当地农业职业教育的水平,真正实现"授人以渔"的目的。

第三节 研究思路与研究方法

一、研究思路

本研究将遵循职业教育服务产业发展,培育中老两国共同利益的根本原则,从宏观层面老挝国家发展与中老两国合作的共同利益、中观层面中老政府农业和职业教育发展政策、微观层面院校合作实践三个维度逐步深入,总体情况分析与典型个案研究相结合,综合中老双方视角,分 5 个步骤开展中国—老挝农业职业教育合作机制研究。

1. 宏观国家农业和职教发展层面

系统总结老挝从原始农业、传统农业向现代农业转型发展的进程,以及中国与老挝的农业合作成效,同时综合分析老挝农业职业教育的现状,微观层面则具体阐述老挝东坎商农业技术学院的办学情况,为宏观层面分析农业职业教育合作的两国共同利益基础,中观层面论述两国政府合作政策,微观层面解析学校具体合作模式、方法、举措等奠定基础。

2. 宏观国家利益层面

研究中国和老挝两国开展农业职业教育合作的共同利益缘起,基于中老共同利益分析合作的形成机理、运行机理、互动机理,搭建合作机制动因与基础的理论框架,为构建合作机制打下基础。

3. 中观政府政策与微观学校合作层面

分析两国中央和地方政府政策中有关合作的职能定位、组织模式、合作机构的遴选和保障等方面的内容,微观层面总结广西农业职业技术大学、江苏农林职业技术学院、江苏农牧科技职业学院、成都农业科技职业学院、铜仁职业技术学院等 5 所中国涉农职业院校与老方开展合作的模式、举措与成效。

4. 微观个案剖析层面

以广西农业职业技术大学与老挝农林与农村发展研究院、东坎商农业技术学院等机构合作构建的"研—学—产"合作模式为例，研究其中蕴含的教育合作机制规范与质量控制，分析合作活动的具体行为和规则，包括教育协作关系、教育实施流程规范、教育质量控制等。

5. 中观与微观合作成效评价层面

以上述"研—学—产"合作模式为样本，分析中老官方对农业职业教育合作增进中老两国共同利益的价值认同，微观层面评估老挝农业人才培养满意度及促进产业发展、减贫等成效，并从国家和自治区教学成果奖、专著、论文等角度阐述该模式推广应用情况。

二、研究方法

1. 文献分析

查阅中老两国党和中央国家机关、广西地方政府等行政单位，老挝东坎商农业技术学院、江苏农林职业技术学院等相关农业职业院校，老挝农林与农村发展研究院等开展中老农业职业教育合作相关的文件、培训计划、人才培养方案等，从宏观、中观和微观的维度总结提炼出农业试验站建设、农业人才培训、留学生教育、老挝分校建设的共同利益、政策依据、支持资源、组织模式和基本流程、方法，搭建出中老农业职业教育合作机制的基本框架。

2. 问卷调查

对老挝受训者、留学生等发放调查问卷，就老挝农业和农业职业教育发展情况、学习需求、对中方育训质量评价等情况进行调研，从受援方角度研究中国—老挝农业职业教育合作机制。

3. 深度访谈

利用中国—东盟农业职业教育论坛以及校际交流等场合，主要对以下3类人员进行深度访谈：①政府行政人员：中国农业、教育行政部门中负责两国交流的行政人员；②农业技术人员和教师：江苏农林职业技术学院等机构中承担涉老培训、留学生教育、农业技术推广的教师、教学管理人员和科研人员，老挝农林与农村发展研究院、东坎商农业技术学院等机构中参与中老农业和农业职业教育合作的教师、教学管理人员和科研人员；③老挝受训人员和留学生：在广西农业职业技术大学受训和留学的学生、农业人员等，以及在中国—老挝合作农作物优良品种试验站接受培训的老挝学生、技术员、农民等人员。通过访谈，了解中老两国相关利益群体对合作的真实评价和发展愿景，获得丰富的一手资料。

4.案例分析

在与老挝开展农业职业教育合作的中方职业院校中,通过比较合作时长、合作模式、合作成效等,本研究选取广西农业职业技术大学与老挝农林与农村发展研究院、东坎商农业技术学院等参与的"研—学—产"合作模式作为中国—老挝合作职业教育合作典型样本进行分析,对合作机制相关的规章制度、实践举措、成效、不足等方面进行全面调查,并对数据资料进行梳理和分析,为课题研究提供翔实的资料支持和经验借鉴。同时,以老挝教育与体育部直属的老挝东坎商农业职业技术学院为样本,收集整理其基本办学情况,包括校舍、实训基地建设等硬件条件,以及专业设置、课程体系等教学情况,并分析其与广西农业职业技术大学合作的举措、成效评价与发展愿景,以点带面了解老挝农业职业院校的办学情况和发展需求。

第四节　研究创新与展望

一、研究创新

1.研究视角创新

以往与中国—老挝农业职业教育合作机制相关的研究局限于留学生教育、农业人员培训、农业科研基地建设等某个合作形态的研究,局限于利益考量、文化习惯视角,聚焦于某个合作规划、举措、成效等细节,缺乏从合作机制的整体视角进行全局性的系统研究,研究较为碎片化,难以为推进中国—老挝农业职业教育合作提供有效思路。本研究突破以往研究的局限性,立足中国与老挝落实"一带一路"倡议、构建两国命运共同体的政治基础,围绕两国农业合作的产业基础,综合中国与老挝双方政府、农业职业院校、企业、农业研究院等各个主体的合作发展愿景,从国家共同利益推动合作发展、政府政策规划与支持举措、学校合作现状、具体合作模式的操作细则等宏观、中观、微观维度,循序渐进论述中国—老挝农业职业教育合作机制,研究成果能为推进中国与老挝、柬埔寨、越南、缅甸等国农业职业教育发展提供顶层设计和具体操作规程,也为中国职业院校在其他领域开展对外合作提供有益借鉴。

2.研究方法创新

以往与中国—老挝农业职业教育合作机制相关的研究普遍采用理论分析的方法,实证研究相对较少,更没有深入老挝进行农业与农业职业教育需求调研和合作成效评估，使得研究缺乏客观、量化数据，难以准确掌握问题，提出对策。本研究综合运用文献分析、问卷调查、深度访谈、案例分析等研究方法，尤其是课题组利用常驻中国—老挝合作农作物优良品种试验站和广西农业职业技术大学老挝分校的有利条件，长期在老挝开展田野调查，确保研究能系统全面地反映中国—老挝农业职业教育合作的全貌，研究推导的合作机制能契合中老双方的现实需求。

3. 研究内容创新

以往国内与中国—老挝农业职业教育合作机制相关的研究侧重于留学生教育、农业人员培训、农业科研基地等某个合作形态的理念、技术和方法等微观领域的合作举措，没有关注教育合作机制问题。本研究的内容创新主要体现在三方面：第一，对中国—东盟农业职业教育合作进行宏观、中观和微观层面的分层次研究，详细分析了国家利益、政府政策、学校举措等三个层面的内容；第二，基于职业教育合作利益相关者的视角，系统梳理中老政府、学校、企业、研究院的发展愿景、合作举措、利益需求等；第三，实现了对中国—老挝农业职业教育合作机制的系统性设计和整体性架构，并总结提炼出了“研—学—产”合作模式。

二、研究展望

虽然课题组对中国—老挝农业职业教育合作机制进行了系统研究，但仍无法涵盖或者彻底解决所有问题，需要在未来的研究中进一步完善。

1. 拓展中国—老挝农业职业教育的研究样本

本研究注重构建中国与老挝农业职业教育合作机制的整体架构，主要以广西农业职业技术大学、江苏农林职业技术学院等中国农业职业院校以及老挝农林与农村发展研究院、东坎商农业技术学院为研究样本，并对广西农业职业技术大学与老方合作的“研—学—产”合作模式进行深入研究。但实际上云南、贵州、重庆等高职、中职院校、农业科研院所以及大批在老中资农业企业也与老挝开展农民培训、留学生教育等农业职业教育合作，它们的合作零散，路径、形态、模式与课题现有研究成果既有共性之处，也有个性特点。囿于研究成本、研究时限等因素，本研究仅能以典型合作样本探讨中国—老挝农业职业教育合作机制的共性维度，未来可以拓展研究样本，进一步增加研究信度与效度。

2. 拓展中国—老挝农业职业教育的研究内容

中国—老挝农业职业教育合作伴随“一带一路”倡议和两国命运共同体发展进程，

具有不断增长的复杂性，如广西落实《推动产教集聚融合打造面向东盟的职业教育开放合作创新高地实施方案》，其中具体合作行动包括建设中国—东盟现代畜牧技术创新学院、中国—老挝现代农业工匠学院，牵头单位是广西农业职业技术大学，合作学校是老挝国立大学、老挝东坎商农业技术学院，合作企业是在老挝进行大规模农业投资的中国湖南炫烨生态农业发展有限公司、广西金穗农业集团有限公司等，其中中国—东盟现代畜牧技术创新学院还包括广西大学、广西职业技术学院、广西农业工程职业技术学院、广西壮族自治区水牛研究所、广西壮族自治区兽医研究所、泰国农业大学等合作主体。这些新出现的合作形态具备明显的跨国产教融合特性，对学历教育合作愈加重视，对其进行研究，可以完善中国—老挝农业职业教育合作机制以及"研—学—产"合作模式，相关制度供给可为推进两国乃至中国与东盟农业职业教育合作提供支撑与推动力。

第二章

老挝农业与农业职业教育发展

教育具有“通天下之不通”的教化功用，中老教育的“软联通”是两国落实“一带一路”倡议的基础，也是中老命运共同体建设的重要支撑。职业教育与经济社会发展联系最紧密、最直接，而中国与老挝的农业职业教育合作更接老挝“地气”——秉承两国国家意志，服务两国农业产能合作和中国农业企业“走出去”，向老挝输出农业技术，培养技术技能人才，服务老挝减贫需求，促进民心相通。但这个合作的前提在于扎根老挝乡间田野，准确把握老挝位列世界最不发达国家之一的国情，系统梳理老挝原始农业、传统农业向现代农业转型发展的规划与成效，以及相应农业职业教育现状与发展愿景，才可确保中国—老挝农业职业教育合作的适配性、可行性、持续性。

第一节　老挝农业发展状况

老挝是世界上最不发达的国家之一，贫困人口集中在农村，农业是其国民经济支柱产业。在农业技术上，虽然老挝拥有农业生产优越的自然条件，但该国大部分地区仍处于传统农业阶段，北部山区还存在刀耕火种的原始农业。1986 年老挝进入农业改革第二阶段，政府开始致力于引进国外资金和先进的农业技术，打破本国体系内循环、发展缓慢的原始农业和传统农业并存的格局，三十多年来在推进农业现代化转型、农村减贫发展等方面取得了积极成效。

一、老挝经济社会发展总体状况

老挝人民民主共和国成立于 1975 年，简称老挝，位于中南半岛北部内陆，国土面积 23.68 万平方公里，全国划分为 17 个省、1 个直辖市(万象市)，首都万象为政治和文化中心。人口758万(2023年1月),分为50个民族,通用老挝语。老挝实行社会主义制度,老挝人民革命党是老挝唯一政党。1991年老挝人民革命党"五大"确定"有原则的全面革新路线",提出坚持党的领导和社会主义方向等六项基本原则,实行对外开放政策。2001年老挝人民革命党"七大"制定了至2010年基本消除贫困、至2020年摆脱不发达状态的奋斗目标。2021年1月13日至15日,老挝人民革命党"十一大"通过了十届中央政治报告和经济社会发展"九五"规划建议,并对党章进行修订。当前,老挝政治稳定、社会安宁①。

老挝以农业为主,工业基础薄弱。1986年起推行革新开放政策,调整经济结构,即农林业、工业和服务业相结合,优先发展农林业;取消高度集中的经济管理体制,转入经营核算制,实行多种所有制形式并存的经济政策,逐步完善市场经济机制,努力把自然和半自然经济转为商品经济;对外实行开放,颁布外资法,改善投资环境;扩大对外经济关系,争取引进更多的资金、先进技术和管理方式。1991—1996年,国民经济年均增长7%。1997年后,老挝经济受到亚洲金融危机严重冲击。老挝政府采取加强宏观调控、整顿金融秩序、扩大农业生产等措施,基本保持了社会安定和经济稳定②。

2011财年,老挝国内生产总值(GDP)达到77.4亿美元,人均约1 203美元,同比增长8.3%③。受疫情冲击,老挝经济受到重创,国际收支严重失衡,外债负担沉重,经济发展放缓。2020年老挝GDP增速下滑,约186.4亿美元,同比增长3.3%,人均2 664美元。2021年老挝GDP增长3.5%,2022年增长率达4.4%(表2-1)。近年的经济目标定位:2023年增长4.5%,2024年增长4.5%。2023年通货膨胀率约23%,本币基普累计贬值约50.4%④。2024年5月老挝通货膨胀率继续上升至25.8%⑤。2024年1月与美元汇率约为20632∶1⑥。

① 中华人民共和国外交部.老挝国家概况[EB/OL].(2024-04)[2024-06-20]. https://www.fmprc.gov.cn/web/gjhdq_676201/gj_676203/yz_676205/1206_676644/1206x0_676646/.

② 中华人民共和国外交部.老挝国家概况[EB/OL].(2024-04)[2024-06-21]. https://www.fmprc.gov.cn/web/gjhdq_676201/gj_676203/yz_676205/1206_676644/1206x0_676646/.

③ 驻老挝使馆经商处.2011年老挝政治经济形势[EB/OL].(2012-03-14)[2024-05-18]. http://la.mofcom.gov.cn/article/ddgk/201203/20120308015888.shtml.

④ 商务部对外投资和经济合作司.对外投资合作国别(地区)指南:老挝(2023年版)[EB/OL].(2024-04)[2024-06-25]. http://www.mofcom.gov.cn/dl/gbdqzn/upload/laowo.pdf.

⑤ 驻老挝人民民主共和国大使馆经济商务处.老挝5月通货膨胀率达25.8%[EB/OL].(2024-06-18)[2024-06-30]. http://la.mofcom.gov.cn/article/ddgk/202406/20240603517151.shtml.

⑥ 中华人民共和国外交部.老挝国家概况[EB/OL].(2024-04)[2024-06-30]. https://www.fmprc.gov.cn/web/gjhdq_676201/gj_676203/yz_676205/1206_676644/1206x0_676646/.

表 2-1　2018—2022 年老挝经济增长情况

年份	GDP/亿美元	GDP 增长率/%	人均 GDP/美元
2018	181	6.5	2 599
2019	191.7	5.5	2 654
2020	186.4	3.3	2 664
2021	166.5	3.5	2 595
2022	143.2	4.4	2 022

资料来源：老挝计划投资部。

二、老挝农业发展状况

老挝工业基础薄弱，农业一直是其支柱产业，具有地广人稀、热量充足、土地资源和降水丰富等发展现代农业的优势，但其主要产业发展模式以小农经济为主，采用人力、畜力、手工工具、铁器等为特征的传统农业手工劳动生产方式占主体，在北部山区还盛行刀耕火种的原始农业劳作方式，2011 年农业在国民经济中的比例约为 31%，全国约 75%的成年劳动力从事农业生产[①]。随着老挝革新开放进程，老挝充分利用对外农业经贸和技术交流合作，农业生产技术、产业化进程、对外贸易都得到显著发展，其中中国成为老挝农业最大投资国和农产品进口国。

(一)老挝农业发展规划

老挝政府在“五五”规划(2001—2005 年)、10 年规划(2001—2010 年)和 20 年规划(2001—2020 年)中明确了农业经济的重要地位。自 2001 年以来，老挝政府一直致力于农村经济的发展，并确立了将农村建设成为开发基础单元的目标。其中长期发展战略的目标是实现农业现代化，并在 2020 年实现完全消除贫困的总体目标。

2011 年老挝政府发布“七五”规划(2011—2015 年)，提出要达到联合国消除极端贫困和促进全球减贫千年发展目标，主动与地区和国际融合，为 2020 年摆脱最不发达状态奠定坚实基础。确保国内生产总值年均增长 8%以上，其中农林业增长 3.5%[②]。

2016 年，老挝发布了第八个五年(2016—2020 年)经济社会发展规划及至 2030 年远景规划。根据世界银行数据，在老挝“八五”计划的开局之年，农林业同比增长了 3%，占 GDP 总量的 23.3%。2020 年，农业占 GDP 的比重下降至 16.19%[③]。

① 驻老挝使馆经商处. 老挝农业发展及中老农业合作现状[EB/OL].(2011-05-03)[2024-06-30]. http://la.mofcom.gov.cn/aarticle/ztdy/201105/20110507530446.html.

② 驻老挝使馆经商处. 老挝政府“七五”规划主要经济指标[EB/OL].(2012-02-09)[2024-06-13]. http://la.mofcom.gov.cn/article/zwjingji/201202/20120207958749.shtml.

③ 孙广勇. 老挝大力推动农业发展[EB/OL].(2023-02-23)[2024-06-13]. http://world.people.com.cn/n1/2023/0223/c1002-32629293.html.

2021年老挝第九个国家社会经济发展五年计划报告提出在2021—2025年实现经济年增长4%以上，有关农业政策旨在全面推动老挝的农业现代化，提高经济效益，同时注重环境保护和社会可持续发展，主要举措包括：①参与性计划：减少中央政府对农业发展项目的过度干预，实现行政权力下放，让基层政府能够根据本地情况开展支持农业发展的措施；②应用现代农业生产技术：转变传统的农业生产模式，推广绿色生态有机的现代农业作物种植技术，扩大平原和丘陵地带的农作物灌溉面积，增加农产品出口量，改进耕作方式和种植技术，引进高效益新品种，促进农林牧副渔业产品的加工、包装、运输和销售一体化服务；③生态环境管理：建立有利于生态环境发展的管理制度，设立专门行政机构进行管理；④引进和培养科学技术人才：为推广和应用农业技术提供有力的技术支持；⑤营造良好的商业发展环境：根据经济环境的变化及时调整政策，制定支持农业发展的政策和措施[①]。

2022年1月1日，《区域全面经济伙伴关系协定》（Regional Comprehensive Economic Partnership，RCEP）全面生效。老挝是东盟最不发达国家之一，经济发展和开放水平与其他东盟成员有较大差距，但其农产品出口贸易具有比较优势。

2022年，老挝GDP增速4.4%，其中农业增速3.4%，占GDP的17.8%。在经济增速贡献方面，农业仅占0.5个百分点[②]。

2022年12月，在第九届国会第四次会议上，政府表示将努力推动农业发展，鼓励私营企业和食品生产企业发展，以保证国内需求。老挝农林部提出了发展清洁、安全和可持续农业的新目标，旨在确保国家粮食安全并建设健全的农业生产体系，具体举措包括扩大农作物生产、减少进口依赖、增加出口规模以及推动农业现代化进程等。2022年数据显示，老挝农产品进口额较2021年减少了约954万美元。而根据老挝政府于2023年1月发布的工作报告，农业相关产业在同年增长约2.5%，占国内生产总值的17.2%[③]。

2023年，老挝GDP增速为4.2%，农业增速3.7%，占GDP的17.8%；2023年上半年农业增速3.8%，约占GDP的14.6%。同期，粮食产量108万吨，肉蛋鱼产量26万吨。中国是老挝最大的农产品出口目的地[④]。

---

① 江丽．老挝农业发展的现实困境与农业经济可持续发展战略[J]．世界农业，2016(2)：166-169.

② 商务部对外投资和经济合作司．对外投资合作国别（地区）指南：老挝（2023年版）[EB/OL]．(2024-04)[2024-06-13]．http://www.mofcom.gov.cn/dl/gbdqzn/upload/laowo.pdf.

③ 孙广勇．老挝大力推动农业发展[EB/OL]．(2023-02-23)[2024-06-30]．http://world.people.com.cn/n1/2023/0223/c1002-32629293.html.

④ 商务部对外投资和经济合作司．对外投资合作国别（地区）指南：老挝（2023年版）[EB/OL]．(2024-04)[2024-06-30]．http://www.mofcom.gov.cn/dl/gbdqzn/upload/laowo.pdf.

(二)老挝农业生产条件

1.农业劳动力

(1)人口结构与经济状况

2022年,老挝总人口为752.95万人,其中60.21%的人口从事农业活动[①]。与2010年75%的成年劳动力从事农业生产[②]相比,一定程度上反映该国经济社会发展,农业生产水平提升,农业劳动力持续向城市和非农领域转移。老挝贫困率从2013年24.6%下降到2019年18.3%[③]。截至2023年,老挝已脱贫家庭1 026 083户,占家庭总数的83.13%,仍有208 231户贫困家庭,占总数的16.87%。脱贫村5 855个,占所有村庄的69.69%,贫困村2 547个,占30.31%;全国有脱贫县71个,占48%,贫困县77个,占52%[④]。

(2)农村人口受教育程度

老挝受经济状况制约,教育公共支出仅占国内生产总值的2.3%,是全球比例最低的国家之一[⑤]。据2013年UNESCO(联合国教育、科学及文化组织)发布的《老挝TVET政策审查》数据,2010年老挝小学、初中、高中入学率分别为92.7%、63%、37%,且办学条件差,教育质量低,五年级前学生辍学率就超过30%。2018年,老挝农村小学教育的净入学率大约为91.2%,而城市地区为95.8%。农村人口的初中和高中阶段的净入学率分别为58.4%和30.1%,城市地区则分别为79.1%和52.3%[⑥]。老挝基础教育普及工作已取得良好进展,老挝人民综合素质得到较大提升,初等教育年平均入学率保持在98%以上[⑦]。但是受贫困、交通等影响,农村地区这一比例有所下降,最贫困的省份下降趋势更明显,农村地区学生辍学率仍然偏高。

---

① UNESCO Institute for Statistics (UIS). UIS. Stat Bulk Data Download Service. Literacy rate, adult male (% of males ages 15 and above)-Lao PDR[EB/OL]. (2024-04)[2024-06-30]. https://data.worldbank.org/indicator/SE.ADT.LITR.MA.ZS?locations=LA.

② 驻老挝使馆经商处. 老挝农业发展及中老农业合作现[EB/OL]. (2011-05-03)[2024-06-30]. http://la.mofcom.gov.cn/article/ztdy/201105/20110507530446.shtml.

③ 驻老挝人民民主共和国大使馆经济商务处. 老挝贫困率持续下降[EB/OL]. (2020-10-26)[2024-06-30]. http://www.mofcom.gov.cn/article/i/jyjl/j/202010/20201003010663.shtml.

④ 驻老挝人民民主共和国大使馆经济商务处. 老挝全国八成家庭成功脱贫[EB/OL]. (2024-06-14)[2024-06-30]. http://la.mofcom.gov.cn/article/ddgk/202406/20240603516608.shtml.

⑤ UNESCO Institute for Statistics. Sustainable development goals: government expenditure on education as a percentage of DP[EB/OL]. (2023-08-03)[2024-07-02]. http://data.uis.unesco.org/index.aspx?queryid=3865.

⑥ UNESCO Institute for Statistics (UIS). UIS. Stat Bulk Data Download Service. Literacy rate, adult male (% of males ages 15 and above)-Lao PDR[EB/OL]. (2024-04)[2024-06-28]. https://data.worldbank.org/indicator/SE.ADT.LITR.MA.ZS?locations=LA.

⑦ World Bank. Laos: Primary school enrollment[EB/OL]. (2024-04) [2024-06-30]. https://data.worldbank.org/indicator/SE.PRM.ENRR?locations=LA.

为提高农村群体受教育程度，老挝政府与国际组织合作，推行多项教育改善计划。例如美国作为老挝最大的基础教育援助伙伴，联同澳大利亚、欧盟与老挝政府开展了老挝规模最大的"基础教育质量和普及计划"（Basic Education Quality and Access），该项目第一阶段共计援助儿童 39.5 万名，女童占比 48%①；世界银行资助的《全球教育伙伴关系Ⅱ》等项目，旨在提高农村教育质量，改善学校基础设施，并提供教师培训。

（3）农业人才

大部分老挝农民受教育程度低，采用传统农业或原始农业的生产技术，缺乏现代农业技术和知识。2020 年老挝政府计划培养约 65 万名技术工人，以满足各行业发展需求，其中，农业领域约 51 万人②。

老挝设立一些农业技术教育机构，如老挝国立大学农学院（Faculty of Agriculture at The National University of Laos）和几所农业职业技术学院，但其规模和影响力有限。2020 年前后，老挝国立大学农学院每年毕业的农业技术专业学生有 300～400 人。除了中国外，多个国际组织和国家对老挝提供农业技术援助。例如，日本国际协力机构（JICA）和联合国粮食及农业组织（FAO）在老挝实施了一些农业技术培训项目，帮助提高本地农业技术人员的技能水平③。

老挝也有农业技术推广服务（agricultural extension services），但其覆盖面和效率有待提高。根据老挝农林部数据，2019 年大约有 3 000 名农业推广员在全国各地工作，但其中只有一小部分受过系统的农业技术培训，在一些偏远地区，这一比例甚至更低，导致技术推广和应用的效果不理想，农民对新品种、科学管理、节水灌溉、合理施肥、病虫害防治等知识都缺乏了解，对信息技术和生物科学在农业生产领域的应用认识匮乏④，导致单位农作物产量低下，农业发展水平滞后。

2. 农业分布区

老挝农业生产条件优良。该国位于东南亚的热带地区，属于热带和亚热带季风气候。雨季从 5 月持续至 10 月，而旱季则在 11 月至次年 4 月。年平均气温约为 26 ℃，全境降水充沛，一般年份降水量约为 2 000 毫米。湄公河在其境内的长度达到 1 987.7 千

---

① Tetra Tech International Development. Basic education quality and access in Lao PDR［EB/OL］.（2015-06）［2024-06-27］https://intdev.tetratechasiapacific.com/projects/basic-education-quality-and-access-in-lao-pdr/.

② 驻老挝经商参处. 到 2020 年老挝将培养 65 万新的技术工人［EB/OL］.（2019-01-09）［2024-06-30］. http://la.mofcom.gov.cn/article/jmxw/201901/20190102824800.shtml.

③ 老挝数据统计局. 普通教育：学校数量［EB/OL］.（2016-04）［2024-06-28］. https://www.ceicdata.com.cn/zh-hans/laos/education-statistics/general-education-no-of-school.

④ 史蒙. 老挝农业发展战略研究［D］. 咸阳：西北农林科技大学，2015.

米(包括界河),水质干净,土壤肥沃。全境土地的 pH 在 5～7,这为种植热带和亚热带果木等各种作物提供了优越条件,同时也适宜发展畜牧业和水产业。

按地理位置划分,老挝的农业生产可分为南部、中部、北部 3 个生产区,南部生产区包括 4 个省份:占巴塞省(Champasak)、沙拉湾省(Saravan)、阿速坡省(Attapu)和色贡省(Xékong);中部生产区有 1 个直辖市和 4 个省份:万象市(Vientiane Capital)、万象省(Vientiane Province)、甘蒙省(Khammuane)、沙湾拿吉省(Savannakhét)、波里坎赛省(Borikhamxai);北部生产区有 8 个省份:波乔省(Bokéo)、丰沙里省(Phôngsali)、乌多姆赛省(Oudômxai)、川圹省(Xiangkhoang)、琅勃拉邦省(Louangphrabang)、琅南塔省(LouangNamtha)、华潘省(Houaphan)以及沙耶武里省(Xaignabouri)。其中,甘蒙、沙湾拿吉两省被列为粮食生产、加工及出口全产业链基地①。

(1)北部

老挝北部地区农业人口占全国比例最高,但其农业经济发展水平相对滞后。农村基础设施落后,特别是偏远山区严重缺乏道路、电力和水利设施。土地分散程度大,人均占地面积差距较大,导致规模化生产和经营困难,限制了农业机械化和产业化发展,农业生产以自给自足为主。许多农民仍然采用砍伐森林、烧荒清地,然后进行简单种植的传统刀耕火种方法。因此,北部地区的农民生活条件非常艰苦,难以摆脱贫困②。

丰沙里省:地处偏远山区,地势较为崎岖,以山地和高原地貌为主。省内有许多山脉和河流,地形复杂多样,交通不便,基础设施建设滞后,农业技术水平较低。该省特色农产品为茶叶、咖啡和药材等。

川圹省:位于老挝东北部,地形多为高原和山地,著名的川圹高原位于该省。省内有丰富的自然资源,适宜种植和养殖业发展。种植业以稻米、玉米、豆类和蔬菜为主。畜牧业包括牛和猪养殖,是其重要的经济产业。

乌多姆赛省:位于老挝西北部,地形复杂,包括丘陵、山地和平原等地貌。省内有许多河流,有利于农业发展和水资源利用。但是农业机械化水平低,市场接入困难。

沙耶武里省:地形以平原和丘陵地形为主,属湄公河流域。该省有丰富的水资源,有利于农业生产和水产养殖,主要种植水稻、玉米、豆类等农作物,同时也发展有一定的养殖业和渔业。

琅南塔省:尽管与中国接壤,但基础设施薄弱,农业生产方式传统,缺乏现代化技术

① 商务部对外投资和经济合作司.对外投资合作国别(地区)指南:老挝(2023 年版)[EB/OL].(2024-04)[2024-07-02].http://www.mofcom.gov.cn/dl/gbdqzn/upload/laowo.pdf.

② 刘妍,赵帮宏,张亮.中国投资老挝农业的环境、方向与战略预判[J].世界农业,2017(1):198-203.

和设备。

波乔省:农业用地分散,水资源管理和灌溉设施不足,影响农业生产效率。

华潘省:山地较多,土地肥力较差,农作物种植方式传统,产量低。

琅勃拉邦省:地势多为山地和丘陵地形,河流密布,属湄公河流域,是老挝农业发展比较发达的地区之一。该省主要种植水稻、果树和蔬菜,同时也有一些渔业生产活动。

北部地区在资源和地理位置方面具备一定优势,拥有相对丰富的农业资源和适中的降水量,适合种植旱季水稻、甘蔗和橡胶,其生产规模逐年增大。此外,北部地区与中国、越南、泰国和缅甸接壤,因此具备明显的区位优势,有利于降低交通运输和市场开拓的成本。为推动老挝北部地区农业发展,需要采取以下一系列对策:加大对道路、电力和水利设施等基础设施建设的投入,改善农村基础设施,以提高农业生产效率;引进和推广现代农业技术,提升农业机械化水平,并提高农民的技术素养和生产能力;通过与周边国家的市场对接,利用区位优势,加强农产品贸易合作,拓展市场渠道,增加农产品附加值;政府提供资金、技术和培训支持,以促进农业产业化和现代化。

(2)中部

老挝中部地区的农业经济发展居全国最高水平,农业基础设施相对完善,农业科技含量全国最高,人均耕地面积高于其他地区,有利于规模化农业生产,是老挝农业机械化和现代化程度最发达的地区,有利于吸引农业投资。

万象市:万象市是老挝首都,位于湄公河右岸,地形主要是平原,由于农业用地有限,以小规模园艺为主,部分郊区种植蔬菜、水果等。

万象省:省内地形复杂多样,有平原、丘陵和山地等地貌,有湄公河和其他河流穿流而过,提供丰富的灌溉资源。农业地位较为重要,主要种植水稻、玉米和蔬菜,牛、猪和家禽养殖等畜牧业也较为发达。

沙湾拿吉省:地形以平原和丘陵为主,湄公河为农业提供灌溉,农业基础设施完善,生产技术水平较高。主要种植水稻、玉米、木薯、甘蔗和橡胶,水稻种植面积全国最大,养殖业和渔业也较为发达。

甘蒙省:东部为安南山脉,西部为湄公河平原,农业基础设施建设较好,灌溉系统完善,适宜规模化农业生产。种植业以水稻、玉米、豆类、烟草和蔬菜为主,该省盛产茶叶、咖啡和水果等特色农产品,渔业也较为重要。

波里坎赛省:地形多样,包括山地、丘陵和平原,湄公河流经部分区域,有利于农业生产和水资源利用,农业科技应用较广泛,农业机械化程度较高。主要农作物有水稻、玉米、豆类和水果等,也生产茶叶等特色农产品。

中部地区农业要获得更大的发展，则需要加强技术创新，继续提升农业科技含量，推广先进的农业技术和机械设备，提高农业生产效率。优化金融服务，增强信贷机构的服务能力，提供更多的农业贷款，支持农业投资和规模化生产。扩大产业链，推动农业产业链的延伸，发展农产品加工和物流产业，提高农产品附加值。

(3)南部

老挝南部地区的农业经济发展水平相对中部地区较为落后，但得益于湄公河等水陆交通便利，农业产业化水平较高，订单农业发展规模较大，当地以种植雨季稻为主，通过改良品种，水稻产量逐年增加。此外，南部地区的咖啡种植面积占全国90%左右。

占巴塞省：咖啡种植面积最大，农业市场化水平高。

沙拉湾省：水稻和咖啡种植面积较大，农业基础设施有待改善。

色贡省：农业生产条件相对落后，但具有潜在发展优势。

阿速坡省：农业生产条件相对落后，但具有潜在发展优势。

南部地区需提升种植技术，改良农作物品种，提高农作物产量和质量，特别是咖啡和水稻的种植技术。加强市场建设，利用交通优势，扩大农产品市场，促进订单农业发展，提高农产品市场化水平。继续改善农业基础设施，特别是灌溉系统和道路交通网络，提升农业生产条件[①]。

总体而言，老挝北部的大部分山区仍然停留在传统的刀耕火种原始农业阶段；东南部高原和西部低山丘陵地区的种植业发展较为成熟，但整体水平并不高；而平原低地地区则是老挝经济较为发达的地区，包括湄公河沿岸的万象市及周边地区、中部的沙湾拿吉省和南部的占巴塞省，是全国粮食和工业品的主要供应地。老挝农业仍然处于传统农业和原始农业并存阶段，粗放式种植和养殖，单产较低，抗灾能力不足，粮食产量不稳定[②]。

3.农业技术

(1)农业生产技术

老挝农业从原始农业向传统农业再到现代农业的转型发展经历了多个阶段，政府政策、国际援助和技术进步共同推动了这一过程。佛教理念对农业生产的影响、绿色农业的特性与优势也是这一过程的重要组成部分。

① 环球印象老挝事业部.老挝农业发展现状、地域类型及老挝农业商机分析[EB/OL].(2021-11-24)[2024-06-28].https://www.zcqtz.com/news/259347.html.

② 刘妍，赵帮宏，张亮.中国投资老挝农业的环境、方向与战略预判[J].世界农业，2017(1):198-203.

阶段一:原始农业

在老挝的早期农业阶段,农业生产以原始的刀耕火种为主,生产工具简陋,技术水平低下。农业生产主要依赖自然条件,生产方式以满足基本生存需求为主。这一阶段的农业生产对环境影响较大,土地资源利用效率低。这种形态的农业仍普遍存在于山区中。

阶段二:传统农业

随着社会的发展,老挝逐步向传统农业过渡。传统农业阶段的特点是农业技术有所进步,农民开始使用简单的铁制工具和畜力进行耕作,作物种植逐渐多样化,水稻成为主要的粮食作物。农业生产方式仍以自给自足为主,但开始出现商品化的萌芽。现在这种农业形态占主体地位。

阶段三:现代农业

进入21世纪,老挝推进现代农业转型。现代农业阶段的特点是农业机械化、科技化和产业化水平显著提高。现代农业技术的应用主要集中在一些较为发达的农业地区,如占巴塞省和沙湾拿吉省,这些地区拥有更多的农业技术人员和较好的基础设施。但是,在许多农村和偏远地区,农民仍然依赖传统的农业生产方式,北部山区仍然普遍存在刀耕火种的现象,现代农业技术的普及率较低。为此,老挝政府出台了以下一系列政策和文件:

《2025年农业发展战略及2030年展望》提出通过推广先进农业技术和设备,提高农业生产力和质量,强调农业产业链的发展,促进农产品加工和市场化。《绿色农业发展战略》提出推动绿色农业发展的重要性,倡导推广有机农业和生态农业,减少化肥和农药的使用,以此来保护农业生态系统,实现农业可持续发展的目标。《农业和农村发展法》提出规范农业生产,促进农业科技创新和推广,支持农业合作社和农民专业合作组织的发展,推动农业现代化和市场化。

在佛教理念的影响下,老挝政府特别注重绿色农业发展,强调可持续性和生态保护,具有以下特性与优势:

环境友好:绿色农业通过减少化肥和农药的使用,保护土壤和水资源,维持生态平衡。老挝政府推行的有机农业政策鼓励农民使用天然肥料和生物防治方法,减少化学品对环境的污染[①]。

可持续发展:绿色农业注重长期可持续发展,通过合理的土地利用和资源管理,提

① 罗建军.农村土地开发整理中的生态环境问题及解决方法[J].皮革制作与环保科技,2023,4(23):156-157,172.

高农业生产的可持续性，实现农业经济效益和生态效益的双赢。

健康安全：绿色农业生产的农产品不含或含较少的化学残留，确保农产品的健康安全。

市场优势：随着全球对绿色和有机农产品需求的增加，老挝的绿色农业产品在国际市场上具有较大的发展潜力。老挝通过发展绿色农业，能够提升农产品的附加值，增加农民收入。

简言之，老挝农业从原始农业向传统农业再到现代农业的转型发展，是多方面因素共同作用的结果。政府政策的推动、国际援助的支持和技术进步的应用，加速了这一过程。佛教理念对农业生产的影响，促进了人与自然的和谐共处，推动了绿色农业的发展，彰显了老挝农业发展特色。

(2)农业生产资料

老挝主要使用化肥和有机肥。老挝政府提倡有机农业，因此有机肥的产量和使用量较大。在万象地区、占巴塞省、沙拉湾省等地，都设有专门的有机肥生产厂，也从泰国进口。尽管如此，大部分作物越来越多施用化肥，化肥需求量也相当大，主要从泰国、越南、中国等周边国家进口，老挝的化肥厂主要由正大、狮马等跨国企业设立。大部分肥料和其他产品一起在杂货店里销售，但也有专门售卖化肥的农资专营店。这些店主要销售氮磷钾复合肥、尿素、钾肥、氮磷复合肥和有机肥，基本可以满足各种作物的施肥需求①。

老挝地处热带地区，杂草生长迅速，病虫害问题严重，因此对农药，尤其是除草剂、杀虫剂和杀菌剂的需求量很大。农药主要在老挝的农资专营店和杂货店销售，市场上流通的农药种类繁多，包括抗生素类、有机磷类、菊酯类和氯甲基酸酯类等传统农药的杀虫剂，广谱性杀菌剂，以及以百草枯等灭生性除草剂为主的除草剂，还有一些药肥和植物生长调节剂。

老挝政府已经颁布了《2025年农业发展战略及2030年展望》，并提出了发展“清洁农业”战略目标，以提高农药管理水平。但在东南亚各国中，老挝是农药登记所需材料最少、登记周期相对较短的国家。

老挝对种子、种苗的需求主要涵盖蔬菜、玉米、水稻等作物，以及薯类、火龙果等种苗。水稻作为老挝的主要农作物，农民通常使用自留种。然而，随着老挝稻谷出口量的增加，市场对杂交水稻种子的需求也在逐渐增长。这些杂交水稻种子主要来自老挝农

---

① 王小欣，韦显恒，奉志高，等．老挝农资市场现状调查及分析[J]．广西农学报，2017，32(4)：50-52，55.

林与农村发展研究院水稻研究中心以及泰国的正大公司。玉米种子主要来自正大公司，同时越南的玉米种子也在市场上占有一席之地。至于蔬菜种子，则主要进口自泰国、越南和中国，涵盖的品类包括生菜、包菜、豆角、黄瓜、番茄等①。

老挝农业机械化仍处于起步阶段，目前尚缺乏统一的行业标准。由于进入老挝市场的农业机械产品质量和配套服务水平参差不齐，这给老挝农业机械化的可持续发展带来了一定的阻碍。在推动农业机械化的过程中，必须加强对产品质量和服务标准的监督和管理，为老挝农业机械行业的发展注入更多动力②。

(三)老挝农业产业发展

老挝的农业生产以种植业为主，尤其是粮食作物和热带经济作物，同时也兼顾畜牧业、林业和渔业。根据老挝统计局的数据，种植业和畜牧业占农业 GDP 的比重一直保持在 80%以上。其中，种植业约占 67%，畜牧业约占 12%，渔业约占 13%，林业约占 6%。随着产业结构的调整，种植业的比重有所下降，而畜牧业、渔业和林业的比重则在缓慢上升。

1. 种植业

老挝主要农作物包括水稻、玉米、薯类、咖啡、烟叶、花生、棉花等。主要谷物总播种面积达到 165 620 公顷。水稻是种植面积最大的粮食作物，约占农作物种植面积的 85%③，主要种植于万象省、沙湾拿吉省、沙拉湾省和占巴塞省等地，这 4 个省份的水稻产量占老挝国内总产量的 40%。2022 年稻谷年产量约 343 万吨，其中 90%为糯米。除此之外，薯类也是重要的粮食作物。据老挝农林部统计，2022 年全国农业耕种面积约 128.2 万公顷，其中稻谷耕种面积占 70%，主要粮食作物和经济作物的种植面积、产量如下：

(1)水稻

水稻是老挝最主要的农作物，也是最重要的粮食作物，分为雨季稻和旱季稻两大类，稻田占全国耕地面积的 61.16%。到 2020 年，老挝稻谷产量为 368.73 万吨，同比增长 7.25%，较 2009 年增长 17.25%。老挝水稻种植面积最大的省份是中部的沙湾拿吉和南部的占巴塞，分别占总面积的 23%和 12%；其次是中部的甘蒙和南部的沙拉湾，各占 9%。

---

① 中国东盟农资商会."澜湄农业情"之老挝篇[EB/OL].(2022-03-26)[2024-06-27]. https://web.cacac.com.cn/article/10282.

② 韩海波.中联重科与老挝农林部达成合作[J].农机市场，2023(9)：35.

③ 曾小红，李光辉，冯韵，等.老挝农业发展现状及产业发展对策[J].热带农业科学，2022(11)：122-129.

(2)玉米

根据2020年数据，玉米种植面积约占老挝全国耕地面积的9.88%，总产量达到了115万吨。从地理分布的角度考察，北部地区尤其是沙耶武里和乌多姆赛是玉米种植的主要集中地，其种植面积分别占到全国总面积的29%和21%。

(3)咖啡

老挝的咖啡种植历史超过一个世纪，产量不断增加，2020年产量达到了18.57万吨。波罗芬高原、布拉万高原以及南部各省是老挝咖啡种植的核心区域，占巴塞省以54%的种植面积占比居全国首位，沙拉湾省占全国的24%[①]。

(4)甘蔗

甘蔗种植已成为老挝政府近年来着力推动的关键农业项目之一。2020年，甘蔗总产量达到了145万吨。甘蔗种植主要集中在中部，沙湾拿吉省以占33%的种植面积比例成为老挝最大的甘蔗种植地，南部阿速坡省甘蔗产量占全国总量的24%，北部的琅南塔甘蔗种植面积占全国总面积的20%。

(5)木薯等其他农作物

除了甘蔗、木薯，大豆、蔬菜和土豆等作物的种植也十分普遍。这些农产品不仅在国内市场扮演着重要角色，同时有利于老挝的出口贸易和农业多样化发展。

2.林果业

老挝的森林面积为1 400万～1 500万公顷，森林覆盖率稳定在40.3%左右，是全球森林覆盖比例最高和珍贵木材储量最丰富的国家之一。沙湾拿吉省、甘蒙省、沙拉湾省和占巴塞省分别拥有160万公顷、156万公顷、150万公顷和100万公顷的森林面积。这些地区的林业资源不仅对当地经济和社区发展至关重要，也为全球市场提供了宝贵的木材和林产品[②]。

老挝生产70余种热带水果，如香蕉、西瓜、百香果、菠萝、柚子、红毛丹、无花果等。2018年老挝主要水果种植面积达到48 853公顷，总产量为1 184 774吨。由于人口较少、交通闭塞、贸易渠道窄、种植及养护贮藏技术落后等，大部分老挝水果还未形成规模化、链条化和产业化，目前多数水果品种以野生或半野生(自然仿生)为主。但香蕉等极少数水果实现了产业化发展，在2020年，老挝香蕉总产量达到了70.61万吨，主要出口

---

① 曾小红，李光辉，冯韵，等.老挝农业发展现状及产业发展对策[J].热带农业科学，2022(11)：122-129.

② 刘妍，赵帮宏，张亮.中国投资老挝农业的环境、方向与战略预判[J].世界农业，2017(1)：198-203.

中国。

3. 畜牧业

川圹高原、会芬高原、甘蒙高原和波罗芬高原，以及查尔平原、班班平原、沙湾拿吉平原和巴色平原，以及西北丘陵地带，为畜牧业发展提供了充足的饲料资源和理想的放牧环境，使老挝成为东南亚地区畜禽人均占有量最多的国家之一。

老挝畜牧业普遍采用传统散养方式，农户各自饲养牛、羊、马、猪等大型牲畜。只有少数由集体、国有企业，以及外国投资所兴办的养殖场采用更为集约化的管理和技术手段，推进畜牧业现代化发展。

根据老挝农林部畜牧渔业司《老挝畜牧渔业2023年工作总结和2024年工作计划报告》，2023年老挝全国畜牧业增长3.5%。其中黄牛256.1453万头，同比增长5.5%；水牛125.0174万头，同比增长0.3%；山羊80.1338万头，同比增长5.0%；生猪453.9786万头，同比增长3.0%；家禽5197.2665万只，同比增长3.7%。在上述家禽牲畜中，老挝对外出口445.2070万头/只。其中家禽423万只，牛羊猪等大型牲畜22.207万头，出口金额9665.8198万美元。另外出口动物产品近4000吨（绝大部分是鲜奶），出口金额360.3043万美元，即2023年老挝家禽牲畜及其产品出口总额破1亿美元（10026.1241万美元）。2023年出口的牛羊猪等大型牲畜（22.207万头），主要是面向越南和泰国，多通过地方和传统边境口岸进行贸易[①]。

4. 渔业

湄公河及其超过20条的支流水域面积达60万公顷，具有丰富的淡水渔业资源，包括湄公河特产巴勒鱼，以及沙湾拿吉至巴色段特有的鳄鱼种群。近年来，老挝政府通过规范渔业制度，实施了一系列旨在保护水生资源和改善渔业管理的措施，使渔业得到恢复和发展。

（四）老挝对外农业合作

老挝积极与周边国家如中国、泰国等开展农业投资、贸易和技术合作，通过引入外部资源来推动本国现代农业的发展。2022年RCEP正式生效积极提振老挝外贸活动，出口额82.0亿美元，主要出口矿产品、电力、农产品、木制品等资源性商品，进口额

① 老挝资讯网-老挝人民报. 老挝2023年畜牧业增长3.5%，出口总额达1亿美元！[EB/OL]. (2024-02-16)[2024-06-29]. http://zgmh.net/Article_show.aspx?chid=1&id=47143.

72.4亿美元,主要进口柴油、医药食品、机电、汽车等消费性商品;老挝农林领域国外投资者主要来自中国、越南、泰国、日本、马来西亚、印度尼西亚、韩国、法国及欧盟国家等,中国投资数量位居第一;在农业技术对外合作方面,根据老挝农业科技中心的统计数据,2018年老挝建立了54个蔬菜试验基地,其中包括16个由老中合作建立、6个由老泰合作建立以及10个由老日合作建立的试验基地。此外,老挝还建立了67个水果试验基地和59个水稻示范基地,这些都得到了来自中国、泰国、日本等国家的技术支持和合作。同时,老挝还与中国云南合作建立了8个橡胶示范基地,并与泰国合作建立了5个橡胶生产基地。这些合作项目还包括引进中国的甘蔗高产栽培技术和广西的杂交水稻新品种,并向老挝农民进行推广。但现有的农业技术和推广设施建设尚未完全覆盖老挝的农业生产种植地区,仍不足以满足老挝农业发展的全面需求[①]。

1.与中国的农业合作

农业是关系国计民生的重要基础产业,是中老两国落实共建"一带一路"倡议、构建人类命运共同体的重点领域。10年来,两国中央政府制定农业合作框架,完善合作机制,地方政府、企业、农业科研单位等合作主体形成合力,农产品贸易和农业投资规模稳步扩大,农业科技合作更加务实发展,中国帮助老挝改善水利基础设施条件、提高农业生产技术和生产水平、扩展农产品深加工、开展植物病虫害防治技术合作等合作成果丰硕。

(1)合作政策

中老两国农业合作与交流最早始于1995年。2000年11月,中国农业部(现农业农村部)与老挝农林部在万象签署了《农业合作谅解备忘录》,这标志着两国政府正式启动了农业领域的合作。次年,双方在中国昆明进一步签署了《农业合作纪要》。到了2006年9月,中国农业部副部长牛盾带领代表团访问老挝,并签订了关于无偿援助项目的协议[②]。由此,两国农业合作在援助与投资、单体投资项目、农业园区建设等领域快速发展,取得老北农业示范中心项目、老挝重庆综合农业园、中国果蔬新品种试种基地、50家中资农业企业等标志性成果。

2014年11月,国务院总理李克强在缅甸内比都出席第十七次东盟与中日韩(10+3)领导人会议时提议实施"东亚减贫合作倡议",提供1亿元人民币,开展乡村减贫推进

---

① Phommavanh(眼光) K. 老挝农业发展面临的困境与提升路径[D].昆明:云南大学,2021.

② 李进,杨艳明.21世纪以来中国与老挝关系的发展[J].东南亚纵横,2016(4):10-15.

计划，建立东亚减贫合作示范点[①]。2015—2021年，广西在老挝实施东亚减贫示范合作技术援助项目（老挝部分）和中国—老挝减贫合作社区示范项目。

2017年11月，两国签署《关于共同建设中老现代化农业产业合作示范园区的谅解备忘录》等文件。

2019年4月30日，中老双方签署了《中国共产党和老挝人民革命党关于构建中老命运共同体行动计划》。根据这一计划，依托中老铁路统筹推进两国农业产能与投资的务实合作，积极推进两国农产品贸易，开展村级减贫试点项目，实施好援老挝减贫示范合作项目，中方向老挝派遣农业专家，帮助培养农民致富带头人，共同建设中老现代化农业产业合作示范园区，提高农业产量和农产品附加值，鼓励发展可持续农业和外向型农业。

2019年10月23日，中国驻老挝大使馆经济商务参赞王其辉与老挝—中国合作委员会办公厅主任赛萨纳·西提蓬共同签署了《中国政府援老挝农村扶贫设施建设项目实施纪要》。

2022年12月，双方签署《关于进一步深化中老命运共同体建设的联合声明》，文件提到：要用好中老农业合作工作组机制，深化农业经贸投资合作，加强在水稻及热带水果、蔬菜种植加工，动物养殖技术及疫病防控，农村电子商务等领域的科技交流和能力提升合作，促进双方农业农村现代化。为深化减贫与乡村振兴领域经验交流与合作，将充分利用中国—东盟、东盟与中日韩合作平台的优势，加强经验交流。同时，也将积极推动东亚减贫示范合作二期项目的启动，以支持老挝在减贫领域的人员能力建设，共同促进区域发展与繁荣[②]。

2023年10月20日，中老签署《中国共产党和老挝人民革命党关于构建中老命运共同体行动计划（2024—2028年）》，提出要求：进一步深化农业农村领域合作，健全工作机制，围绕农作物种植、畜禽和水产养殖、农产品质量安全、农产品加工、仓储和物流、数字技术应用、农村电子商务、乡村产业发展等领域持续开展合作，不断提高农业从业人员素质，促进农业可持续发展和农业农村现代化。加强农业经贸投资合作[③]。

---

① 新华网．李克强在第十七次中国—东盟（10＋1）领导人会议上的讲话[EB/OL]．（2014-11-14）[2024-06-30]．https://www.rmzxb.com.cn/c/2014-11-14/406692.shtml.

② 新华社．关于进一步深化中老命运共同体建设的联合声明[EB/OL]．（2022-12-1）[2024-06-30]．https://www.gov.cn/xinwen/2022-12/01/content_5729912.htm.

③ 新华社．中国共产党和老挝人民革命党关于构建中老命运共同体行动计划（2024—2028年）[EB/OL]．（2023-10-22）[2024-06-30]．https://news.cnr.cn/native/gd/sz/20231022/t20231022_526459406.shtml.

(2)农产品贸易和农业投资

2012 财年中老双边贸易额为 5.17 亿美元，当时中国仅为老挝第二大贸易伙伴、第二大进口市场及第四大出口市场，其中，老挝对华出口 0.71 亿美元，农产品和畜牧产品为 0.21 亿美元[①]。2023 年中国与老挝贸易额为 71.0 亿美元，同比增长 26.7%，双边贸易额创历史新高[②]，中国是老挝第一大出口市场和投资来源国，以及第二大贸易伙伴。

据老挝《人民报》报道，2020 年，共有 1 562 家国内外公司投资老挝农林领域，投资总金额 42 亿美元(注册资金 26 亿美元)，特许经营土地面积 20.8 万公顷，其中外国公司 515 家，中国位列第一，共有 239 家公司，投资总金额约 5.9 亿美元，2020 年老挝出口位列第一的农产品是甘蔗，出口至中国 30 万吨，其次为木薯、玉米、香蕉、西瓜等[③]。据中国商务部统计，在老挝办理企业注册的中国企业达数百家，其中从事农业种植的占到 87%。许多中国人到老挝琅南塔省、波乔省、乌多姆塞省、琅勃拉邦省大面积种植香蕉和西瓜。

RCEP 生效后，2022 年老挝已有大米、玉米、香蕉、西瓜等 15 种农产品签署输华议定书，中老农产品贸易总额 4.4 亿美元，较上年同比增长 74%；其中，中国从老挝进口农产品 3.8 亿美元，同比增长 92%。截至 2023 年底，中国在老挝农业投资存量超 20 亿美元，投资领域主要涉及天然橡胶、水稻、玉米、热带果蔬等[④]。

过去，中国对老挝农业投资方式主要有农业订单种植、土地租赁种植、替代种植等。2010 年中国—东盟自由贸易区正式建成后，中国—老挝农产品贸易快速发展，合作建设农业示范园区成为未来中国企业对老挝投资的热门模式，并取得一定成果。例如，在乌多姆赛农业发展示范园区，园区培育的水稻亩产 400 千克，高于老挝当地普通水稻亩产 200 千克。在阿速坡省，嘉润农业发展有限公司与老挝计划投资部共同签订《阿速坡省萨南赛县 5 000 公顷森林恢复与全套生态农业发展项目特许经营协议》，将种植榴梿 4 万亩(1 亩≈667 m^2)，其他高经济价值热带水果 3 万亩，有望成为老挝单体最大榴梿种植基地，以满足中国果品市场需求，同时为老挝政府和人民带来可观收益。

农资方面，中国自 2004 年开始在老挝开展钾盐勘探，已形成一定的产能。截至

① 驻老挝经商参处. 2012 年老挝对外贸易[EB/OL]. (2013-04-24) [2024-06-28]. http://la.mofcom.gov.cn/article/ztdy/201304/20130400101313.shtml.

② 丁蕾. "一带一路"绘就中老农业合作新画卷[EB/OL]. (2023-12-09) [2024-05-22]. https://www.yidaiyilu.gov.cn/p/04BQKIN9.html.

③ 驻老挝人民民主共和国大使馆经济商务处. 中国为老挝最大农业投资国[EB/OL]. (2020-10-21) [2024-05-27]. http://la.mofcom.gov.cn/article/jmxw/202010/20201003009694.shtml.

④ 丁蕾. "一带一路"绘就中老农业合作新画卷[EB/OL]. (2023-12-09) [2024-05-22]. https://www.yidaiyilu.gov.cn/p/04BQKIN9.html.

2019年6月,中国在老挝投资钾盐的10家企业中,2家企业可进行钾肥生产,已建成年产氯化钾75万吨的钾盐开发基地。2021年,中国自老挝进口氯化钾41.66万吨,同比增长225.91%;进口额1亿美元,同比增长244.58%。中老产能合作的重点项目中资中农钾肥有限公司在老挝钾盐领域实现了高质量发展,2011—2013年年均100万吨钾肥产能,是全球产能扩建速度最快的钾肥项目之一,并开展产业扶贫和三季水稻种植示范,充分激发老挝农业资源价值,推动老挝现代农业发展。潍柴雷沃智慧农业科技股份有限公司2015年开始进入老挝市场,通过“企业+示范基地”模式输出中国农机行业经验与标准,提高老挝农业机械化率,改善作物种植方法,带动老挝农户种植转型升级。2023年中联重科与老挝农林部签约在农机标准、农技农艺、农业服务、金融配套等方面开展合作①。

总体而言,中老农业合作取得了显著的成效,通过农业技术转移、农产品贸易等,有力促进了中国农业产能输出,加快了老挝现代农业发展进程与农民脱贫等两国共同利益的萌生与成长。

2.与其他国家的农业合作

在东盟农业合作方面,第一,老挝作为内陆国家,每年都需要从泰国、越南、柬埔寨等国大量进口鱼类、贝壳类等水产品;第二,老挝缺乏农产品深加工技术,需要从周边国家进口动植物油脂、小麦粉、精米和各类水果制品等;第三,老挝缺乏现代农业所需的农药、化肥、农机、塑料大棚等各种生产资料,这些物品也需从周边国家进口。但相对于中国来说,其他国家与老挝的农业投资与贸易体量明显偏小。

老挝与欧盟成员国、澳大利亚、日本、韩国等域外国家保持友好关系。但囿于地理位置、交易成本因素,这些域外国家与老挝的合作主要是援助关系,其中德国、瑞典、法国、日本等为主要援助国,援助集中在基础设施建设、文化、人力资源开发、农业、卫生等领域,援助方式有政府直接援助和政府支持的NGO组织援助。例如:澳大利亚政府开展《澳大利亚—老挝农业研究合作计划》,重点在农业研究和技术开发,通过提供研究资金和技术支持,帮助老挝发展现代农业技术。2018—2023年,该计划支持了多个研究项目,包括作物轮作、病虫害管理和土壤改良等,直接受益的农户和研究人员超过5 000人;德国国际合作机构(GIZ)开展“支持老挝农村经济发展项目”,重点在生态农业和可持续发展,通过技术培训和示范推广,帮助老挝农民进行可持续农业生产。从

① 丁蕾.“一带一路”绘就中老农业合作新画卷[EB/OL].(2023-12-09)[2024-06-27].https://www.yidaiyilu.gov.cn/p/04BQKIN9.html.

2016 年起，该项目在多个省份实施，培训了超过 2 000 名农民，推广了生态农业技术，有效减少了化肥和农药的使用；日本国际协力机构（JICA）开展“提高老挝农业技术人员能力建设项目”，通过派遣专家、提供设备和开展培训，帮助老挝提升农业技术水平。2017—2022 年，JICA 在占巴塞省和沙湾拿吉省实施的项目培训了超过 300 名农业技术人员，改善了当地的农作物管理和生产技术。

3. 与国际组织的农业合作

老挝主要援助组织有亚洲开发银行（ADB）、联合国开发计划署（UNDP）、国际货币基金组织、世界银行等。外援主要用于交通、通信、水利设施等基础建设项目，也有部分农业项目①。

2018 年 2 月，联合国粮食及农业组织（FAO）为老挝制定了《国家方案框架（CPF）》，制定了在老挝实现可持续农业的计划，致力于取得四项成果：促进农业生产和农村发展；改善粮食安全和营养状况，特别关注弱势群体（贫困妇女和粮食无保障的农户）；保护和加强森林及其他生态系统；提高应对粮食和农业威胁、紧急情况以及气候变化影响的能力。例如实施“加强老挝农业部门的技术能力项目”，包括水稻生产技术培训、可持续农业实践推广和水资源管理等。2018—2020 年，FAO 在琅勃拉邦省实施的项目培训了约 1 500 名农民，提高了他们的水稻种植技术，水稻产量平均提高了 20%以上。

亚洲开发银行（ADB）自 1968 年以来，一直在老挝进行扶贫行动，并继续为该国提供资金。截至 2019 年，该机构已向老挝提供了总计 29.1 亿美元的资金。例如实施“农村生产力和市场准入改善项目”，通过改善农村基础设施（如灌溉系统）、提供农业技术培训和市场准入支持，提升农村生产力。该项目在 2015—2020 年覆盖了老挝的 6 个省，直接受益农户超过 10 万户，灌溉面积扩大了 25%。

2019 年 12 月，世界银行批准了一项额外的 2 250 万美元软贷款，以支持老挝政府的国家营养战略，旨在通过发展农业基础设施改善农村条件。

联合国开发计划署（UNDP）在老挝开展了多个项目，支持性别平等和提高政府透明度。其中一个显著的项目是“品牌老挝”，致力于为老挝创造独特的品牌和市场定位，为农民、生产者和服务提供者寻找可行的产品，从而增加农业工人和生产者的收入。

---

① 孙振威，赵胜男. 中国式现代化探索经验对后发社会主义国家启示研究——以老挝为例[J]. 贵州社会主义学院学报，2023(4)：11-17.

第二节　老挝农业职业教育发展状况

老挝由于久经战乱和经济发展水平较低等，其教育发展水平严重滞后，高层次精英人才和技术技能人才都紧缺，远不能满足经济社会发展需要。老挝的教育学制规定小学5年，初中3年，高中4年。老挝现有老挝国立大学、占巴塞大学、苏发努冯大学等5所大学，学生4.5万人，教师3 905人。各类专业学院159所（主要为私立学院），学生7.7万人，教师6 265人①。

一、老挝职业教育发展总体状况

（一）老挝职业教育发展政策

1. 国家政府政策

在国家层面，老挝政府出台了一系列有利于职业教育发展的政策，如教育法、职业培训法、职业教育法等。

2000年4月，老挝颁布教育法，明确规定所有个人和组织都肩负着投资和促进教育发展的重要责任。为了提升教育质量，中等教育的期限从原本的3年延长至4年。此外，该法律还强调了政府在扩大中等教育方面的责任，确保老挝公民能够掌握必要的基础知识和职业技能，并为他们提供进一步深造的机会②。

2006年5月，老挝发布《教育改革战略规划（2006—2015年）》，旨在通过全面的教育改革，推动老挝教育事业的持续健康发展，为国家的进步和繁荣打下坚实的基础。规划中鼓励有条件的私立院校建立职业培训中心和职业技术学院，提供各种职业培训，鼓励国家与私人合作，使学生能到生产单位、工厂、车间接受培训，同时扩大国家与社会的职能，使之有条件建立更多的职业技能及职业培训中心。提出建立和完善职业教育劳动技能培训的质量保证体系③。

2007年7月，老挝发布《老挝人民民主共和国教育法（修订本）》明确普通教育必须与职业教育紧密联系。指导扫盲工作，促进各层次教育与基础职业培训相联系。明确职业教育的结构包含初级职业教育、中级职业教育和高级职业教育。

---

① 中华人民共和国外交部. 老挝国家概况[EB/OL].（2024-04）[2024-07-03]. https://www.fmprc.gov.cn/web/gjhdq_676201/gj_676203/yz_676205/1206_676644/1206x0_676646/.

② 王冰峰，罗欢. 老挝职业教育现状与发展趋势[J]. 深圳职业技术学院学报，2017，16(6)：33-39.

③ 李枭鹰，苏婷婷. 老挝高等教育政策法规[M]. 桂林：广西师范大学出版社，2013.

2010 年 1 月，老挝颁布《职教和技能开发总理法令》，对教育与体育部管理的职业教育体系与劳动与福利部负责的技能开发体系之间的界限和目标进行了明确的界定。同时，它规定各个相关部门必须就职业教育与培训展开紧密合作，以确保这两个体系的顺畅运行和有效对接。对职业教育与培训的功能进行了明确的定义，并对职业教育的经费来源、管理体系、质量保障机制以及推动职业教育发展的措施都作出了具体而详尽的规定。

2019 年 6 月，老挝颁布《职业教育法(修订版)》，此法规定了职业教育管理的原则、办法和措施，明确了职业教育体系结构，定义了初等职业教育、中等职业教育和高等职业教育的概念和课程要求，提出了保障措施、管理体系和监督机制等，使老挝职业教育工作有法可依。

2. 教育与体育部政策

老挝教育与体育部作为全国职业教育的主管部门，制定了一系列的计划和决议，对职业教育发展起关键管理作用。

1997 年 4 月，教育与体育部制定《职业教育体系发展战略文件》，该文件提出职业教育体系发展的一系列目标，并推进职业技术教育与培训各部门落实相关政策并开展具体工作，使之与整体社会经济发展相协调。

2007 年 4 月，教育与体育部发布《2006—2020 年职业技术教育培训发展战略计划》，明确了职业技术教育与培训为终身学习教育，鼓励社会参与，持续发展适用于正规、非正规及非正式教育的学习内容。对于职业技术教育与培训教学工作，将根据职业技术教育与培训机构的环境、条件和专长以及培训机构的定位，采用综合职业教育培训、合作培训、提供特殊课程、短期课程、在线学习、开放学习、远程学习等不同方式进行。

2008 年，教育与体育部出台了《2008—2015 年职业教育发展总计划》。

2011 年 9 月，教育与体育部制定《2011—2012 年职业教育发展规划》，提出省行政机关分配土地给开设农业专业的职业教育学校。

2015 年，教育与体育部出台了《老挝职业技术教育发展规划(2016—2020)》。

2020 年 10 月，教育与体育部出台了《2021—2025 年教育与体育部门发展计划》，确定开发一个职业教育培训系统，提升劳动力质量，满足劳动力市场和国民经济增长的需求；制定和改进职业教育培训课程，使之符合社会经济发展及区域和国际一体化的需要；重点关注高需求的行业如建筑、机械维修、旅游和酒店、电力、家具、汽车和农业等；提高学生入学率，调整 TVET 项目的配额，加强对女性和弱势群体的关注等。

2022 年 10 月，教育与体育部出台《关于职业教育机构标准的决议》，规定了职业教育机构的标准和原则，以作为成立、升级、撤销职业教育机构的标准。同时保证教育的质量、效率和效益，使其能够满足与社会经济发展相适应的人力资源发展需求，并能够与地区和国际相接轨。

（二）老挝职业教育体系

老挝政府设立教育与体育部，负责监管教育事务，各省市县也设有相应的教育厅局专门负责教育事务。老挝的教育体系包括正规教育、职业教育、佛寺教育和民校教育4种类型。职业教育是一种专注于培养职业技能的教育形式，其核心目标是培育具备特定工作领域能力和技术的劳动者，从而满足社会经济发展、工业化和现代化的多元需求。根据2019年发布的《职业教育法（修订版）》规定，职业教育主要包含初等职业教育、中等职业教育和高等职业教育。职业技术等级分为5个等级，其中初等职业教育包含第一等级到第三等级，一般由职业培训中心负责，中等职业教育为第四等级，由职业教育学校负责，高等职业教育为第五等级，由职业教育学院负责，如图2-1所示。

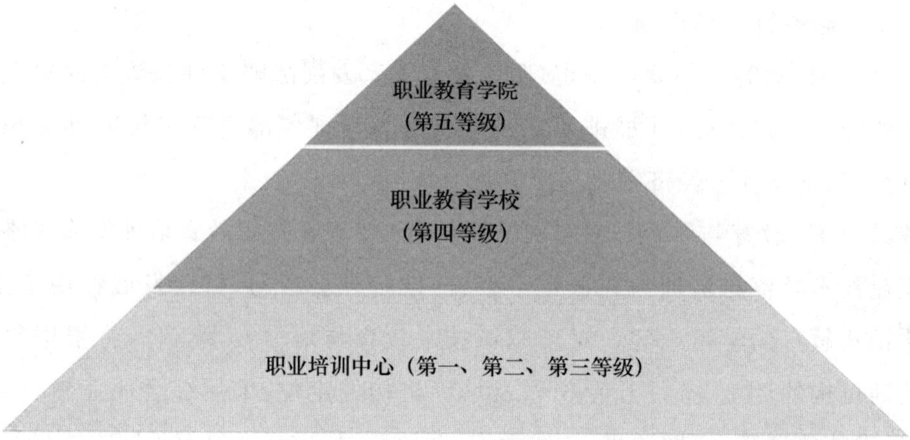

图2-1 老挝职业教育等级示意图

1. 初等职业教育

初等职业教育是针对小学高年级、初中毕业或同等学力以上的学生进行专业职业培训的一种教育。初等职业教育主要在培训中心完成。初等职业教育课程分为三级，初等职业教育第一级是指针对小学高年级或同等学力学生只学习3～6个月的初级相关课程。第二级是指针对初中毕业或同等学力的学生不少于1年的学习课程，以及结束了第一级课程的学生继续不少于6个月的学习课程。第三级指初中毕业或同等学力的学生不少于2年的学习课程，以及结束了第二级课程的学生继续不少于1年的学习课程。

2. 中等职业教育

中等职业教育是对初级职业教育毕业，高中毕业或者同等学力的学生进行的职业技术教育。中等职业教育为第四级，针对完成了第三级课程的学生，正常学科的学习年限为 2～3 年，衔接学科的职业教育年限为 1～2 年。

3.高等职业教育

高等职业教育是在专科院校、教育中心、高等院校开设的职业技术教育，相当于专科院校，招收中等职业教育毕业，高中或以上学历的学生，旨在培养学生的智慧、能力、技能、品性，可以自行就业或进入工作单位工作。高等职业教育课程为第五级，正常学科的学习年限为 2～3 年，衔接学科的职业教育年限为 1～2 年。

教育与体育部、劳动与社会福利部、卫生部、财政部、农林部等部门设立了各种规模的公共职业教育机构和培训中心，部分私营协会和公司也设立了培训中心，部分职业院校也参与职业培训工作。如表 2-2 所示。

表 2-2　老挝职业教育系统结构

序号	教育系统类型	教育地点	教育等级	职业技术等级
1	正规教育	职业教育学校、职业教育学院	中等职业教育、高等职业教育	4～5 级
2	非正规教育	培训中心	初等职业教育	1～3 级

（三）老挝职业院校设置

截至 2022 年，老挝共有 139 所职业教育院校和机构，其中公办院校和机构共 76 所，民办院校 63 所。受职业教育司监管的公办院校共有 25 所。此外，政府采取多种措施设立职业教育院校，包括农林部设立 6 所，新闻文化旅游部设立 5 所，卫生部设立 7 所，财政部设立 3 所，技术与通信部设立 2 所，司法部设立 4 所，老挝银行设立 1 所，老挝妇女联盟设立的 3 个培训中心以及老挝革命青年联合会创办的 10 个培训机构。教育与体育部直属管辖的院校（图 2-2）占比达 63.31%。

图 2-2　老挝教育与体育部直属的巴巴萨技术学院新建校舍

政府部门和民办学校提供短期和长期的职业培训。教育与体育部监督三类校外教育发展中心:校外基础职业技能培训中心、群众基础职业技能培训中心和村镇基础职业技能培训中心。劳动与社会福利部门设立4个技能发展中心和全国范围的300多个社区学习中心。卫生部、财政部、农林部等部门也设立了各种规模的公共职业教育机构和培训中心。这些培训机构通过短期课程(通常不超过3个月)提供基本的职业技能培训,培训内容涵盖农林、建筑、家禽饲养、青蛙饲养、养鱼、养牛、种植蘑菇、嫁接、烹饪、美容、缝纫、织布、小商品、旅游服务、环境保护、净化水源等基本职业技能。部分私营协会和公司也设立了培训中心,另外一些中小企业也在自身工作场所提供培训。例如,一些手工业中小企业向工人提供特殊和传统编织技术培训,这些企业拥有自己的培训设施和专业培训人员,培训的目的是提升工人的操作技能和产品质量。

(四)老挝职业教育受援情况

老挝教育发展在很大程度上依赖于国际教育援助。自《釜山宣言》以来,老挝基本已经形成以初等教育为核心、资本性支出为主体、官方伙伴为主导的教育受援结构。

经合组织债权国报告系统的数据显示,2012—2021年,老挝共接受教育援助约8.631亿美元[①]。援助主要来自双边援助伙伴、多边援助伙伴和国际非政府组织。双边和多边援助伙伴的贡献额度虽然有所波动,但总占比最高。同时,新兴经济体如中国也在"南南合作"理念下加入援助行列,积极参与老挝的教育援助。此外,国际非营利组织如援外社(Care)、救助儿童会(Save the Children)、世界教育(World Education)和比尔及梅琳达·盖茨基金会(Bill & Melinda Gates Foundation)等也在积极参与教育援助活动[②]。

老挝受援资金主要投向初等教育和中等职业教育以及教育政策与行政管理领域。其中,德国和瑞典是老挝职业技术教育资金的主要捐助者,分别约占援助总额的42.88%和22.49%,且援助完全以赠款的形式提供,旨在促进老挝人民的技能提升[③]。根据亚洲开发银行和国际援助透明度倡议数据库数据分析,在中等职业教育领域,仅卢森堡、瑞典、亚洲开发银行、德国国际合作机构、德国复兴信贷银行等就援助了"加强职业

① UNESCO. Credit reporting system[EB/OL].[2023-08-10][2024-06-21]. https://stats.oecd.org/Index.aspx?DataSetCode=crs1.

② 王建梁,李欢.老挝教育受援有效性的实践检视与提升路径[J].比较教育学报,2024(2):87-100.

③ French Development Agency. Financing TVET: a comparative analysis in six Asian countries[EB/OL].(2019-12-24)[2024-06-21]. https://www.afd.fr/en/ressources/financing-tvet-comparative-analysis-six-asian-countries.

技术教育培训项目""老挝区域经济一体化项目""职业教育发展研究所和选定学校提升项目"等 9 个项目，累计投入金额达到 1.449 亿美元，援助重点在于学校校舍、学习用具和实训设备等硬件，以及技术培训（图 2-3）、职业发展等教学资源供给。总体来说，援助有效促进了老挝职业教育发展，但在赋能老挝自主发展能力、提高援助绩效、加强问责机制等方面仍有待完善。

图 2-3　老挝—德国技术学院钳工实训基地

二、老挝农业职业教育发展状况

老挝农业的人力资本包括了高素质的农民、农业科技人才、农业技术推广人才三个方面。一直以来，职业教育和大学教育主要培养农业科技人才、农业技术推广人才，职业培训机构面向农民开展农业技术和劳动力转移培训。受制于老挝落后的教育水平，农业职业教育院校数量、教学条件不足，受教育水平较低的农民缺少接受培训的动力和机会，导致老挝农业人才数量偏少、整体素质偏低。

（一）农业职业院校及相关培训机构概况

对于老挝学生来说，就读农业专业从事农业工作并不是最优选择，因此追逐办学利润的私立教育机构基本没有涉足农业教育，只有少部分公立教育机构开展农业教育和培训工作。其中教育与体育部在其直属的老挝国立大学（图 2-4）、苏帕努翁大学、占巴塞省大学都开设有农学院，还专门设立了东坎商农业技术学院，下属的老挝职业教育研究院也开展农业培训工作（图 2-5）；农林部设置了琅勃拉邦省北部农林学院、波里坎塞省农林学院、沙湾拿吉省农林学院、占巴塞省农林学院、沙湾拿吉省农林学校、万象塔恩

(THA NGON)水利学院等6所院校，老挝农林部下属的老挝国家农林与农村发展研究院也开展农业培训；各省管辖的涉农职业院校有波里坎赛省农职院、甘蒙省农学院、占巴塞省农业技术学院、万象省技术学院。部分培训中心也开设农业技术培训课程。这些学校和培训机构虽然数量偏少、教学条件落后，但其分布在老挝的各个省份，为国家的农业部门提供了重要的教育和培训支持(表2-3)。

图 2-4　老挝国立大学农学院

图 2-5　老挝职业教育研究院蔬菜大棚

表 2-3　老挝农业院校和大学农学院

序号	管理机构	院校名称	地址	所属农业区域
1	老挝农林部	老挝北部农林学院	老挝琅勃拉邦省	北部生产区
		万象塔恩(THA NGON)水利学院	老挝万象市塔恩村	中部生产区
		波里坎塞省农林学院	老挝波里坎赛省巴克丁区塔拉特村	中部生产区
		沙湾拿吉省农林学院	老挝沙湾拿吉省沙耶武里区巴登太村	中部生产区
		沙湾拿吉省农林学校	老挝沙湾拿吉省通区邦肯村	中部生产区
		占巴塞省农林学院	老挝琅勃拉邦省琅勃拉邦区纳杜玛村	南部生产区
		琅勃拉邦农业院校	老挝琅勃拉邦市冯瓦路,冯瓦村	北部生产区
2	老挝教育与体育部	东坎商农业技术学院	老挝万象市东坎村	中部生产区
		老挝国立大学农学院	老挝万象市东德校区	中部生产区
		琅勃拉邦省苏帕努翁大学农学院	老挝琅勃拉邦市董梅村	北部生产区
		占巴塞省大学农学院	老挝占巴塞省	南部生产区
3	省份管辖	波里坎赛省农职院	老挝波里坎赛省纳塞村	中部生产区
		甘蒙省农学院	老挝甘蒙省他曲市	中部生产区
		占巴塞省农业技术学院	老挝占巴塞省巴色市雷希村	南部生产区
		万象省技术学院	老挝万象省万荣市	中部生产区

(二)老挝东坎商农业技术学院

老挝东坎商农业技术学院始创于 1985 年,是一所由老挝教育与体育部批准设置的专科层次公立职业院校,教育教学业务接受职业教育司管理指导。学校按照《老挝人民民主共和国教育法》等有关规定,开展以全日制专科层次职业教育为主,职业技术技能培训为辅的职业教育活动,致力于培养能为国家社会经济做贡献的高水平农业、林业职业技术人才。校址位于首都万象市哈赛丰县东坎商村,总面积 124 523 平方米,其中主校区东坎商占地 42 387 平方米,用于主要的教学活动,另外有两处实训用地位于离主校区 2 千米远的香达村,设有实训中心和宿舍,占地 82 136 平方米。学院区位优势明显,距离市中心主席府 12 千米,附近 1 千米内有公交站,距校外实训基地中国—老挝合作农作物优良品种试验站 28 千米。

1. 专业设置及课程安排

学校前身是老挝东坎商农业技术学校,主要开设 3 个 3 年制的中专专业种植、养殖、林业。2018 年 4 月 10 日,经批准升级为老挝东坎商农业技术学院,主要开展以林木业为主的大专教学。在职业教育发展规划（SSTVET）的指导下，2014 年新增农机修理专业，2018—2022 年新增兽医助理、有机农业、人工菌种植以及摩托车修理 4 个专业。除 3 年学制的 8 个专业外，还有相应专业的短期培训班和继续教育班，以及种植养殖混合教育班。

东坎商农业技术学院学生主要由两部分组成。一部分是按照 DCT 模式培养的学生。老挝国家工商会在万象开设了一个双合作培训服务中心 DCT，通过 DCT 培养模式老挝学生获得职业资格认证，这是老挝目前主流的职业教育方式，DCT 模式学生占学院在校生的 80%左右。另一部分是普通三年全日制学生和继续教育班学生，占学院在校生的 20%左右。

DCT 学生会在第一学年连续上完理论课后进行为期不少于 3 个月的实践锻炼，然后继续投入第二年的学习，直至完成 DCT 规定的理论课时要求，才能考试毕业，整年学生放假时间不超过 2 个星期。

普通 3 年制学生开课时间与中国学生相似，但是暑假较长、寒假较短。除 6—9 月放暑假外，几乎没有寒假，或者有不超过 7 天的寒假。所以学院招生时间集中在 6—9 月。9 月初大二、大三学生报到，10 月初新生报到。

专业课程设置注意宽口径培养，增加实践技能课时，适当促进种植、养殖专业的课程融通。以种植专业为例，培养周期 3 个学年 6 个学期，课程分为通用课程、专业基础课程、主要课程、选修课程和活动课程。通用课程包括政治、通用英语、人际关系等 3 门课程；专业基础课程注重基础性和通用性，包括项目写作报告、计算机、农场管理的技术应用、农业机械应用、农村发展、农业法、创业（SYB）、农业经营、实验原理、气象学、农业化学、土壤和施肥（水肥研究）、作物生产英语用词、作物生产原理等 16 门课程；主要课程注重专业应用性，包括植物繁殖、菌类养殖、装饰苗圃和园艺花卉、农产品加工分析、蔬菜种植、经济作物种植、果树种植、药草植物等 13 门课程；选修课程注重种植和养殖的交融互补，包括水产养殖、畜牧饲养、蚕类养殖、经济虫类饲养等 4 门课程；活动课程包括实习、安全教育等 2 门课程。课程共 38 门，105 学分，总课时 2 672 学时，理论课 1 088 学时占比为 41%，实践课时 1 584 学时占比为 59%（表 2-4）。

表 2-4　种植专业课程

名称	序号	年级	1				2				3				课时总计（上课共计16周）			学分
		学期	1		2		3		4		5		6					
		星期	20		20		20		20		20		20					
			理论	实践	理论	实践	理论	实践	理论	实践	理论	实践	理论	实践	理论	实践	总计	
通用课程	1	政治	2		2										64	0	64	4
	2	通用英语	1	3											16	48	64	2
	3	人际关系	2												32	0	32	2
	总计		5	3	2	0	0	0	0	0	0	0	0	0	112	48	160	8
专业基础课程	1	项目报告写作							1	3					16	48	64	2
	2	计算机	1	3											16	48	64	2
	3	农场管理的技术应用									2	3			32	48	80	3
	4	农业机械应用			1	3									16	48	64	2
	5	农场作物种植的规划与管理									2	3			32	48	80	3
	6	农村发展									2				32	0	32	2
	7	农业法	2												32	0	32	2
	8	创业(SYB)					2								32	0	32	2
	9	农业经营					2								32	0	32	2
	10	植物生理学			1	3									16	48	64	2
	11	实验原理					2	3							32	48	80	3
	12	气象学	2												32	0	32	2
	13	农业化学	1	3											16	48	64	2
	14	土壤和施肥（水肥研究）							2	3					32	48	80	3
	15	作物生产英语用词			1	3									16	48	64	2
	16	作物生产原理	1	3											16	48	64	2
	总计		7	9	3	9	6	3	3	6	6	6	0	0	400	528	928	36

续表 2-4

名称	序号	年级	1				2				3				课时总计（上课共计16周）			学分
		学期	1		2		3		4		5		6					
		星期	20		20		20		20		20		20					
			理论	实践	理论	实践	理论	实践	理论	实践	理论	实践	理论	实践	理论	实践	总计	
主要课程	1	植物繁殖	1	3	2	3									48	96	144	5
	2	有机植物种植			2	3	1	3							48	96	144	5
	3	作物品种改良							2	3	1	3			48	96	144	5
	4	菌类养殖			2	3	2	3							64	96	160	6
	5	装饰苗圃和园艺花卉	2	3											32	48	80	3
	6	预防病虫害							2	3					32	48	80	3
	7	农产品加工分析							2	3					32	48	80	3
	8	蔬菜种植			1	3	2	3							48	96	144	5
	9	经济作物种植							2	3	1	3			48	96	144	5
	10	果树种植					1	3	2	3					48	96	144	5
	11	药草植物									2	3			32	48	80	3
	12	收割技术									2	3			32	48	80	3
	13	种子技术					2	3							32	48	80	3
		总计	3	6	7	12	8	15	10	15	6	12	0	0	544	960	1 504	54
选修课程	1	水产养殖													0	0	0	0
	2	畜牧饲养													0	0	0	0
	3	蚕类养殖													0	0	0	0
	4	经济虫类饲养									2	3			32	48	80	3
		总计	0	0	0	0	0	0	0	0	2	3	0	0	32	48	80	3
活动	1	实习（16周）												560	0	560	560	4
	2	安全教育（2周）																
		总计	0	0	0	0	0	0	0	0	0	0	0	560	0	560	560	4
总计			15	18	12	21	14	18	13	21	14	21	0	560	1 088	1 584	2 672	105
总计			33		33		32		34		35		560		2 672			
占比			45%	55%	36%	64%	44%	56%	38%	62%	40%	60%	0	100%	41%	59%		

而动物养殖专业培养周期、课程分类、通用课程设置与种植类课程完全一致。但其专业基础课程中，项目写作报告、计算机、农场管理的技术应用、农业机械应用、农村发展、农业法、创业(SYB)、农业经营、实验原理、气象学、农业化学、土壤和施肥(水肥研究)等 12 门课程与种植专业一致，另外再开设有兽医学、养殖农场的规划与管理、动物生理学等养殖类基础课程；主要课程包括动物及产品检测、助产手术、畜牧业英语用词、水产养殖、畜牧饲养、猪的养殖、动物疾病预防、农产品加工分析等 19 门课程；选修课包括植物繁殖、有机作物种植、蚕类养殖、菌类种植等；活动课程同样是实习、安全教育等 2 门课程。课程共 43 门，103 学分，总课时 2 320 学时，理论课 976 学时占比为 42%，实践课时 1 344 学时占比为 58%(表 2-5)。

表 2-5　动物养殖专业课程

名称	序号	年级	1				2				3				课时总计(上课共计16周)			学分
		学期	1		2		3		4		5		6					
		星期	20		20		20		20		20		20					
			理论	实践	理论	实践	理论	实践	理论	实践	理论	实践	理论	实践	理论	实践	总计	
通用课程	1	政治	2		2										64	0	64	4
	2	通用英语	1	3											16	48	64	2
	3	人际关系	2												32	0	32	2
		总计	5	3	2	0	0	0	0	0	0	0	0	0	112	48	160	8
专业基础课程	1	项目报告写作							1	3					16	48	64	2
	2	计算机	1	3											16	48	64	2
	3	农场管理的技术应用									1	3			32	48	80	2
	4	农业机械应用			1	3									16	48	64	2
	5	兽医学							1	3					32	48	80	2
	6	养殖农场的规划与管理									1	3			32	48	80	2
	7	农业法	2												32	0	32	2
	8	创业(SYB)					2								32	0	32	2
	9	动物生理学			2										32	0	32	2
	10	实验原理					1	3							32	48	80	2
	11	气象学	2												32	0	32	2
	12	农业化学					1	3							16	48	64	2
	13	农业经营					2								16	0	16	2

续表 2-5

名称	序号	年级	1				2				3				课时总计（上课共计16周）			学分
		学期	1		2		3		4		5		6					
		星期	20		20		20		20		20		20					
			理论	实践	理论	实践	理论	实践	理论	实践	理论	实践	理论	实践	理论	实践	总计	
	14	土壤和施肥（水肥研究）	1	3											16	48	64	2
	15	农村发展							2						32	0	32	2
	总计		6	6	3	3	6	6	4	6	2	6	0	0	384	432	816	30
主要课程	1	动物及产品检测							2	3					32	48	80	3
	2	养殖原理					2								0	0	0	2
	3	助产手术							1	3					16	48	64	2
	4	畜牧业英语用词			1	3									16	48	64	3
	5	动物疾病治疗			1	3									16	48	64	2
	6	饲料作物	2	3											32	48	80	3
	7	反刍动物饲养					2	3							32	48	80	3
	8	水产养殖	1	3	1	3									32	96	128	4
	9	畜牧饲养			1	3									16	48	64	2
	10	猪的饲养			2	3									32	48	80	3
	11	经济作物种植	2	3											32	48	80	3
	12	动物健康管理					1	3	1	3					32	96	128	4
	13	动物疾病预防			1	3									16	48	64	2
	14	饲料管理					1	3							16	48	64	3
	15	动物饲料的种植与管理							1	3	1	6			32	144	176	5
	16	动物繁殖							1	3	1	6			32	144	176	5
	17	动物品种改良									2	6			32	96	128	4
	18	农产品加工分析					1	3							16	48	64	2
	19	动物饲料及喂养					1	3	1	3					32	96	128	4
	总计		5	9	7	18	8	15	7	18	4	18	0	0	464	1 248	1 712	59

续表 2-5

名称	序号	年级	1				2				3				课时总计（上课共计16周）			学分
		学期	1		2		3		4		5		6					
		星期	20		20		20		20		20		20					
			理论	实践	理论	实践	理论	实践	理论	实践	理论	实践	理论	实践	理论	实践	总计	
选修课程	1	植物繁殖													0	0	0	0
	2	有机作物种植									1	3			16	48	64	2
	3	蚕类养殖																
	4	菌类种植													0	0	0	0
	总计		0	0	0	0	0	0	0	0	1	3	0	0	16	48	64	2
活动	1	实习（16周）							0					640	0	640	640	4
	2	安全教育（2周）																
	总计		0	0	0	0	0	0	0	0	0	0	0	640	0	640	640	4
总计			16	18	12	21	14	21	11	24	7	27	0	640	976	1 344	2 320	103
总计			34		33		35		35		34		640		2 320			
占比			47%	53%	36%	64%	40%	60%	31%	69%	21%	79%	0	100%	42%	58%		

2. 办学条件

在老挝教育与体育部5年发展规划指导下，学院得到了职业教育发展规划1期(STVET)和2期(SSTVET)的项目资金支持，基础设施、教学设施配备不断完善。学院还与50多家国营单位、私营企业保持良好合作关系，以维护和新建学院教学楼和操场，同时接收学生实习。此外，学院通过与广西农业职业技术大学共建老挝分校，获得了后者给予的教学资源的支持。

东坎商村校区配备办公室9间，面积300平方米，一栋500平方米的2层会议中心(图2-6)，一栋含8间实验室的817平方米的实验楼，两栋2层教学楼共17间教室，两栋一层实训楼共7间实训教室以及占地225平方米的食堂。

香达村校区距离主校区2 000米，设有实训基地、学生宿舍67间、教师宿舍10间、60平方米小型礼堂1个、有机农业专业办公楼一栋。另外还配备有公务车，包含两辆运输车，一辆面包车和一辆摩托车。

校内实训工作站中有农机2台、种植和牲畜实训基地1个、苗圃实训基地1个，课外实训基地1个，组成农业可持续发展学习中心(SELC)(图2-7至图2-10)。该中心创建于2017年4月，占地面积51 467平方米，共有22个实训区，分别是温室大棚种植区、果树种植区、蘑菇菌类养殖区、蚯蚓堆肥区、有机种养区、稻田种植区、苗圃繁殖区、家禽养殖区、家畜养殖区、蟋蟀养殖区、水产养殖区等。

图 2-6　老挝东坎商农业技术学院办公楼

图 2-7　老挝东坎商农业技术学院种植实训基地

图 2-8　老挝东坎商农业技术学院实习果园

图 2-9　老挝东坎商农业技术学院水产和畜牧养殖实训基地

图 2-10 老挝东坎商农业技术学院农机实训基地

3. 师生情况

2022 年学院在校生 432 人，其中大一学生 156 人，大二学生 162 人，大三学生 114 人。在校生人数最多的专业为畜牧养殖，占学生总数的 40%，林业、农机维修、摩托车维修等占比仅为 9%。

学院现有在职教师 77 人，其中硕士学历 18 人，学士学历 48 人，高级职业技术文凭 10 人，中级职业技术证书 1 人。教师课酬参考 2018 年 12 月 12 日老挝财政部发布的《关于政府预算支付法律的第 4000 号决定》意见，同时考量教师的教学资质和教学经验，确定教师课酬(表 2-6)。

表 2-6 教师课酬标准

序号	学历程度	课酬	备注
1	本科	40 000 基普/小时	约合人民币 32 元/小时
2	硕士	50 000 基普/小时	约合人民币 40 元/小时
3	博士	60 000 基普/小时	约合人民币 48 元/小时

4. 对外合作情况

学院致力于与其他国家、国际组织开展国际合作。2011 年起，学院与泰国开展老挝—泰国职教合作项目(图 2-11)，包含教师能力培训，学校基础设施更新与升级，教学通信设备升级等。另外，学院与中国职业院校有着良好的合作关系，包括广西农业职业技术大学、江苏农牧科技职业学院等，合作形式主要是学生赴中国留学、共建老挝分校和中国—老挝现代农业工匠学院等，并将广西农业职业技术大学与老挝国家农林与农村发展研究院共建的中国—老挝合作农作物优良品种试验站作为学生实习基地。2018 年，学院作为创始单位加入了由江苏农牧科技职业学院牵头发起的国际农牧业高等职业教育联盟。2019 年 12 月，学院参与发起共同筹备成立“中国—东盟农业职业教育联盟”倡议，成为“中国—东盟农业职业教育联盟”成员。同时，学院参加由中国政府支持的澜沧江—湄公河合作专项基金项目、2019—2021 年湄公河生态山羊养殖场项目等。

图 2-11　泰国援建的实训基地

第三节　结　　语

农业和职业教育合作是中国—老挝建设“人类命运共同体”，落实“一带一路”倡议的重要内容。老挝总体处于缺乏技术理性和技术崇拜的原始农业和传统农业并存的形态，是“完全以农民世代使用的各种生产要素为基础的农业”[①]，其农业职业教育发展也受到国民经济社会整体水平和农业发展形态的制约，缺乏传授现代农业技术技能的充沛动力和良好条件。中老双方合作主体应该超脱自身利益视角的局限性，综合考量老挝农业和农业职业教育现实状况与发展愿景，从宏观国家利益、中观政府合作政策、微

① 舒尔茨. 改造传统农业[M]. 北京：商务印书馆，1987.

观学校实践举措等三个维度，深思中国与老挝开展农业合作的起源和基础是什么？老挝农业转型发展对农业职业教育有何需求？农业职业教育合作如何推进中老农业合作进程？阐释和厘清这些基本问题的切入点在于搭建一个以中老两国共同利益为基础的理论分析框架，构建中国—老挝农业职业教育合作机制。

第三章

共同利益视角下的中国—老挝农业职业教育合作动因与基础

共同利益是相互依赖状态下国家利益存在共性或趋同的部分，由共同收益和共同威胁所构成，并在双边、多边和全球框架内形成国际合作的基础。伴随着全球化的日益拓展，共同利益对推进国际合作的基础性作用愈加明显。深入探究共同利益的理论内涵，揭示国家利益和共同利益的互动过程，无疑能够加强对国际教育合作理论与实践的整体把握，为研究中国—老挝农业职业教育合作机制提供一个崭新的视角和理论分析框架。

第一节　基于共同利益视角开展中国—老挝农业职业教育合作研究的背景

随着全球化进程，主权国家之间相互依赖日益加深，克服零和博弈利益争夺的局限性，建立在国家间共同利益基础上的正和博弈与互利共赢成为跨国合作发展的理性基调，国家间基于共同利益的合作因而具有更为基础性的作用[①]。中国既是全球化的受益者，也是全球化的倡导者，正处于从地区大国迈向全球大国(global power)，进而迈向世界大国(world power)的征程，国家战略利益在迅速向全球拓展[②]。在全球变局下全方位构建“利益汇合点”和“利益共同体”已经成为中国政府进行国际合作的重大方针[③]。

① 门洪华.开放与国家战略体系[M].北京：人民出版社，2008.

② 门洪华.两个大局视角下的中国国家认同变迁(1982—2012年)[J].中国社会科学，2013 (9)：54-66.

③ 郑必坚.全方位构筑利益汇合点[N].人民日报，2011-06-04.

2012 年 11 月党的十八大报告提出"要坚持开放的发展、合作的发展、共赢的发展,通过争取和平国际环境发展自己,又以自身发展维护和促进世界和平,扩大同各方利益汇合点,推动建设持久和平、共同繁荣的和谐世界。"2017 年 10 月党的十九大报告提出"统筹国内国际两个大局,始终不渝走和平发展道路、奉行互利共赢的开放战略,坚持正确义利观"。2022 年 10 月党的二十大报告提出"推动构建新型国际关系,深化拓展平等、开放、合作的全球伙伴关系,致力于扩大同各国利益的汇合点"。2012 年提出的人类命运共同体理念和 2013 年提出的"一带一路"倡议就是"利益汇合点"和"利益共同体"的核心载体。

老挝作为中国全面战略合作伙伴,是最早支持"一带一路"倡议并同中国签署共建合作文件的国家之一。同时中国与老挝在国际上首次提出两国"是具有广泛共同利益的命运共同体"并付诸行动,走在了人类命运共同体建设前列。因此,老挝不仅是中国面向东盟实施互联互通战略和大湄公河区域经济合作的重要阵地之一,也是"一带一路"沿线的重要国家和战略支点,在政治、经济、人文等领域的合作已经取得了显著的成效,为构建人类命运共同体作出积极努力和示范①。中国与老挝开展合作,农业和职业教育是两国落实"一带一路"倡议和构建中老命运共同体的重要内容,相应的农业职业教育合作实践蓬勃开展。作为一种跨国合作实践从"共同利益"的角度进行农业职业教育合作研究是应有之义。毋庸置疑现有的中老农业职业教育合作举措必然涉及"共同利益",本质上属于"共同利益"的衍生品与表现形式,但相关研究却没有将"共同利益"列入工具性概念或"修辞"用法,也较少从"共同利益"视角进行两国农业职业教育合作的系统性探究。

国际关系领域的自由制度主义代表学者罗伯特·基欧汉(Robert O. Keohane)在《霸权之后——世界政治经济中的合作与纷争》一书中明确指出,他的理论首先假设"共同利益的存在是既定的",然后考察"在什么条件下,这些共同的利益会促进合作"②。对于中老农业职业教育合作研究而言,我们应深入探寻合作实践中所蕴含共同利益的根本性问题,为合作实践如何产生,又如何运行,合作相关利益方如何互动等关键命题的解答探索出新的思考维度。

中国—老挝农业职业教育合作机制的研究应以国际关系中的理性主义作为演绎推理的基本假设,梳理前人有关共同利益的概念论述,采用"共同利益是相互依赖状态下

① 中华人民共和国外交部.关于进一步深化中老命运共同体建设的联合声明[EB/OL].(2022-12-02)[2023-02-09],https://www.fmprc.gov.cn/web/zyxw/202212/t20221202_10984212.shtml.

② 罗伯特·基欧汉.霸权之后:世界政治经济中的合作与纷争[M].苏长和,等译.上海:上海人民出版社,2006.

国家利益存在共性或趋同的部分，由共同收益（common benefits）和共同威胁（common threats）所构成，并在双边、多边和全球框架内形成国际合作的基础”[①]这个基础概念及其衍生的理论分析架构。首先，提炼中老两国国家利益损益的趋异部分和趋同部分这两个变量，分析基于扩大“共同利益”消解“互斥利益”的目的推进中国—老挝农业职业教育合作形成机理；其次，在结构层面对共同利益本身进行解构，分析中国—老挝农业职业教育合作运行机理；最后，凝练共同利益在中老双边、中老和东盟多边、全球等三个维度的互动模式，分析中国—老挝农业职业教育合作互动机理。通过这个理论分析框架，对大量纷繁复杂的事实材料做出解释，将其纳入理论所规定的规则和框架之中，产出高质量研究成果，形成系统的可供其他职业院校开展国际合作借鉴参考的合作模式。

第二节　中国—老挝农业职业教育合作形成机理

共同利益的形成有赖于两个核心要素——国家利益和相互依赖。其中国家利益决定着共同利益形成的内在本质，而相互依赖则构成了共同利益形成的外部条件[②]。国家利益是主权国家生存与发展的应有之义，国家总是“根据国家利益行事”[③]的理性诉求去追求跨国界的共同利益，而这个共同利益本质上属于国家利益的重要组成部分，以实现国家利益为终极目标。在跨国合作过程中，主权国家首先开始相互交往，进而营造彼此国家利益长期博弈的交互情境，通过这个博弈过程逐渐厘清各自国家利益损益的趋异部分“互斥利益”和趋同部分“共同利益”，一种良性的跨国合作关系应致力于消减趋异部分，并遵循互利原则扩大趋同部分，促成相互依赖日益加深，共同利益得以塑造成形。

中国与老挝的关系经历从共同利益浅层交织、隔绝，再到共同利益深度交互，反哺国家利益的过程。中国和老挝于1961年建交，20世纪70年代末至80年代中期，双方关系曾出现曲折，1989年后全面恢复和发展。2000年11月，两国确定发展长期稳定、睦邻友好、彼此信赖的全面合作关系。2009年9月，中老关系提升为全面战略合作伙伴关系。2013年9月，习近平总书记提出两国关系是“具有广泛共同利益的命运共同体”。2017年11月，两国同意共同构建中老具有战略意义的命运共同体。2019年4月，两国签署关于构建中老命运共同体行动计划。2022年12月，双方发表《进一步深化中老命运共同体建设的联合声明》。2023年10月，两国签署《中国共产党和老挝人民革命党关

---

① 刘笑阳. 国家间共同利益：概念与机理[J]. 世界经济与治，2017(6)：102-121，159.

② 刘笑阳. 国家间共同利益：概念与机理[J]. 世界经济与治，2017(6)：102-121，159.

③ 小约瑟夫·奈. 理解国际冲突：理论与历史[M]. 张小明，译. 上海：上海人民出版社，2002.

于构建中老命运共同体行动计划(2024—2028年)》。

老挝是世界最不发达国家之一,贫困人口集中在农村,农业是其国民经济支柱产业,大部分地区处于传统农业阶段,北部山区中刀耕火种的原始农业形态仍占主导地位。基于此,2017年5月中国农业部等四部委发布《共同推进“一带一路”建设农业合作的愿景与行动》,提出针对老挝所在的中南半岛经济走廊的农业贸易投资合作,打造优势技术、重点产品农业合作大通道。此外中老两国在构建中老命运共同体行动计划中约定的重要内容也包括农业发展、农村减贫,以及相应的职业教育合作。

中国通过对老挝开展农业技术援助、农业投资和农产品进口贸易,中方获得农业产能输出、优质农产品供给等收益,老方获得农业转型发展、财政收入、农民脱贫等收益,这些收益毋庸置疑是两国“共同利益”,但也要注意控制和消减合作过程中有可能出现的“互斥利益”。首先,外来的化肥、农药、饲料、杂交作物、塑料地膜等现代农业技术会对老挝自然生态产生一定影响,包括森林面积减少、水土流失等环境问题[①];其次,外来农业投资者往往致力于要求雇佣的老挝农民、企业员工、承包户等能改变其“顺其自然”的工作态度,充分运用常见的农药、化肥、塑料地膜等现代农业技术以实现高效生产,容易引起原始农业与现代农业的文化冲突。

教育是“外交政策的第四个维度”[②],具有“通天下之不通”的教化功用,中老教育的“软联通”是中老两国落实“一带一路”倡议与构建中老命运共同体的基础之一。因此,构建中老命运共同体行动计划提出“开展职业教育合作办学,服务中老大项目建设”。“共同利益”进一步促进了中老农业合作,催生了相关技术技能人才需求,形成中国—老挝农业职业教育合作基本动力。在中国与老挝的职业教育合作早期,中国职教界学者普遍没有在老挝开展实地调查获得客观翔实的一手数据,只是在国内开展书斋研究或者短期到老挝开展旅行报道式研究,并以这些缺乏学术信度、厚度和思考深度的研究成果指导实践,大部分中国—老挝农业职业教育合作项目呈现单向发展形态——中方主要在中国构思老挝现代农业技术技能人才培养目标,按照中国现代农业技术标准来培养老方技术技能人才。如何应对和解决中老农业职业教育合作过程主导权的质疑,有赖于对教育合作内容、方法和手段进行一系列变革。

英国著名比较教育学家埃德蒙·金(Edmund King)认为,比较教育研究的理想方法就是长期生活在客文化之中,以客文化的角度研究一个国家或地区的教育[③]。同理,单

---

① 苏拉汀·提拉德,蓝襄云.老挝视角下东盟与中国的环境保护:挑战与合作[J].中国—东盟研究,2019(2):37-48.
② 大卫·杰弗里·史密斯.全球化与后现代教育学[M].郭洋生,译.北京:教育科学出版社,2002.
③ 刘宝存,杨尊伟.大数据时代比较教育研究范式的转型[J].比较教育研究,2015(10):1-10.

向发展形态无法满足中老职业教育合作需要，为了消解“互斥利益”，中国职业院校必须深入老挝开展长期实地调查研究与合作实践，在合作价值定位上应以服务老挝绿色农业发展为根本方向，据此确定培养中老两国跨文化技术技能人才的目标定位，并通过在老中资农业企业开展产学研合作，在老挝建立农业技术场站，建设老挝分校开展学历教育等举措，促进中国—老挝农业职业教育合作由单向输出向双向互动的转变，由此“援助”一词也延伸出“协作发展”的内蕴①。

总体而言，中国—老挝农业职业教育合作服务中老命运共同体建设，推进中老农业合作，在合作实践中不断厘清两国国家利益损益的趋异部分和趋同部分，通过单向教育援助向双向教育互动转变，追求产业结构互补、农业产能合作、技术进步、老挝脱贫等共同利益的最大化，克服老挝环境污染、中老农业文化冲突等趋异部分即“互斥利益”（图 3-1）。

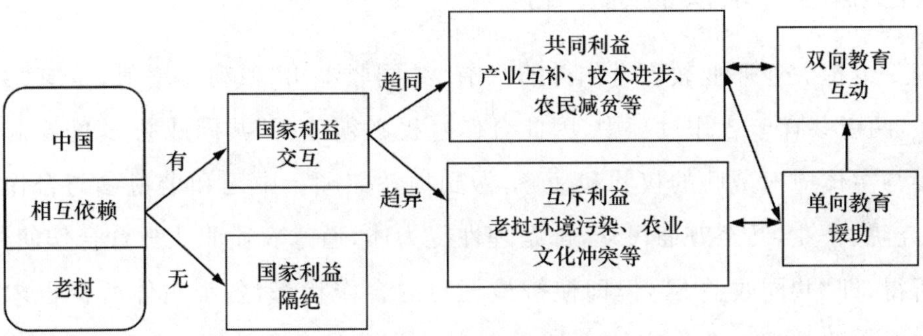

图 3-1　中国—老挝农业职业教育合作的形成机理

第三节　中国—老挝农业职业教育合作运行机理

共同利益由共同收益和共同威胁构成，其中，共同收益侧重行为体互动的正向效应，属于利润导向；共同威胁侧重行为体互动的负面阻碍，属于风险导向；而在共同收益与共同威胁之间存在着基欧汉所言的“潜在损益”，它体现的是行为体互动过程中既可能产生收益也可能形成威胁的潜在变量，属于问题导向。三者构成反映共同利益运行机理的“电池模型”，共同利益就是由运行机理所释放的“电流”，虽相对稳定，但又时刻处于变化当中（图 3-2）②。同样，借鉴学者刘笑阳所构建的这个模型可以解构中国—老挝

① Heyneman S P. Development aid in education: a personal view[J]. International Journal of Educational Development, 1999, 19(3): 132-146.

② 刘笑阳. 国家间共同利益：概念与机理[J]. 世界经济与政治, 2017(6): 102-121, 159.

农业职业教育合作的共同利益，并分析合作如何运行，即在合作共同利益框架内“潜在损益 a”“共同收益 b”“共同威胁 c”这三个变量的相互转换关系，由此确定中国—老挝农业职业教育合作的基本运行机理。

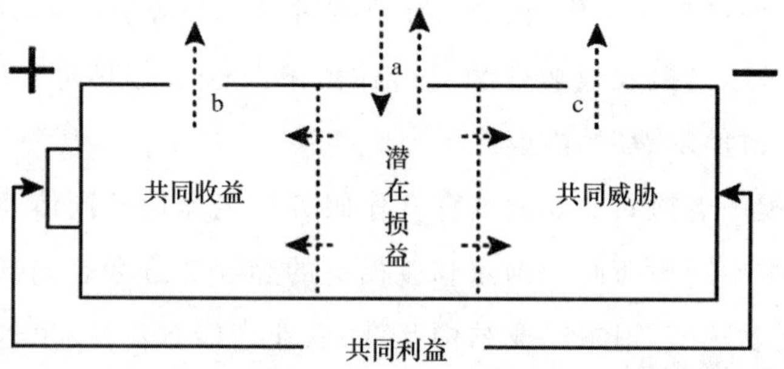

图 3-2 共同利益的运行机理(电池模型)

一、合作运行是损益统一的

中国—老挝农业职业教育合作并非只有“共同收益 b”和利益增值，也有“共同威胁 c”的存在，两者共存于合作过程中，因此合作过程必须分析“共同威胁 c”的缘起，厘清各个合作参与主体应对威胁的权利和义务，做到损益兼顾。中国和老挝参与合作的政府、学校、研究院、企业，乃至普通民众，都是理性行为体，通过农业职业教育合作使各参与主体皆有所得，即“共同收益 b”，但即使按最理想的合作状态，各个主体所得也未必等值，更何况各个主体都有在合作中追求低成本和高收益的理性设计，难免过于重视各自收益部分，导致共同收益的耗损，滋养“共同威胁 c”。这就意味着各个合作主体如果不采取行动，中国—老挝农业职业教育合作不会得到可持续的良性发展，导致“共同收益 b”持续减少，“共同威胁 c”持续增加，进而“电池模型”正负失衡且“共同利益”电流弱化至湮灭，最终各主体皆无所得。因此要采取切实可行的行动，厘清中老双方各个行为主体应对“共同威胁 c”的义务与责任，即在宏观层面，中国政府确定中方教育援助“授人以渔”的原则，老挝政府制定增强自身教育发展能力的政策；在微观层面，各个具体合作项目明确中老农业职业院校、农业研究院、中资农业企业等各个利益主体的权利与义务，强调老方的主体性和发展赋权，推进援助项目共商共建共享，包括在老挝本土建设农业技术场站，研发农业技术，开展农业人才培训，扶持老挝分校发展，服务在老中资农业企业发展等，增强老方农业职业教育自我发展能力，为老方展示在平等互利基础上，可以通过中方援助来推动本国农业职业教育发展，进而促进当地农业发展、农民减贫、生态美好，避免强化对中国援助的依赖关系，构建持久稳定的“共同利益”，为驱动中国—老挝农业职业教育合作发展提供稳定“电流”。

二、合作运行是动态发展的

"共同利益"是绝对运动变化的。对于中国—老挝农业职业教育合作而言，在中老两国相互依赖的情况下，除了地理条件、中老民族文化差异等确定性的影响因素，仍然要应对不可控的各种涉农变量，包括国际政治关系、农产品跨境贸易政策、自然灾害、动植物疫病等多种条件影响，从而导致中老两国农业合作依赖关系，以及各合作主体对"共同利益"的期望值都发生变化，相应对其中"共同收益 b""共同威胁 c"的判定也会发生变化，进而采取不同的合作举措。因此，中国—老挝农业职业教育合作必然是一个动态发展的过程，依据"电池模型"，各参与主体基于损益统一的原则，对某一个阶段合作举措取得的成效进行评估，将合作面临的损益逐步归入"共同收益 b"或"共同威胁 c"，而那些暂时无法就其流向达成共识的问题，或新出现的问题则置于"潜在损益 a"之间，根据后续合作举措和成效评估，各合作主体达成共识后再将这些问题归入"共同收益 b"或"共同威胁 c"。

纵观整个中国—老挝农业职业教育合作进程，对于宏观层面的整体合作发展路径来说，通过对"共同收益 b""共同威胁 c"的判定，合作从单向教育援助向双向教育互动发展；对于微观层面的具体合作形式来说，中方农业职业院校与老方合作有农业试验站建设、农业人才培训、留学生教育、老挝分校建设等多种形式。以广西农业职业技术大学与老挝农林与农村发展研究院、老挝东坎商农业技术学院等单位构建的"研—学—产"合作模式为例，第一阶段，先由中老两国政府主导，委托广西农业职业技术大学与老挝农林与农村发展研究院合作建设中国—老挝合作农作物优良品种试验站，开展农业技术研究与推广，以及农业人才培训，此时尚未开展留学生教育合作（置于"潜在损益 a"），各合作主体评估这些已经实践的合作举措对"共同收益 b"或"共同威胁 c"的影响，先对"研"的共同利益达成共识；第二阶段，利用前期合作举措取得的技术、课程、师资等软硬件资源，广西农业职业技术大学与老挝东坎商农业技术学院合作在中国招收老挝农业专业留学生，各合作主体再次评估"研"与"学"融合的合作举措对"共同收益 b"或"共同威胁 c"的影响；第三阶段，随着 2021 年 12 月 3 日中老铁路全线建成通车，《区域全面经济伙伴关系协定》于 2022 年 1 月 1 日正式生效，区域设施联通叠加 RCEP 项目下农产品关税减免、更宽松的原产地规则和高水平的贸易便利化，中老农业合作深度发展，两国"共同利益"也发生了深刻变化，对老挝农业技术技能人才的需求日益旺盛，各个合作主体重新评估中老农业职业教育"共同收益 b""共同威胁 c"，认为"潜在损益 a"中已经出现单纯依靠在中国开展留学生教育无法满足需求的"新问题"，因而广西农业职业技术大学与老挝东坎商农业技术学院合作在老挝设立分校,并以中国—老挝合作农作物优良品种试验站为实训基地,引入炫烨(老挝)有限公司等中资农业企业参与合作办学,同时引入老挝国立大学共建中国—老挝现代农业工匠学院。由此,最终构建了"研—学—产"动态发展的中国—老挝农业职业教育合作模式。

三、合作运行是知行统一的

"知行统一"意味着共同利益在运行时兼具可预期性与可操作性①。对于中国—老挝农业职业教育合作来说,可预期性是指中老两国中央政府基于对共同利益内涵与发展方向的理性认知,签署中老命运共同体建设计划等纲领性文件,在这些文件中提出对中老农业合作以及职业教育合作的长远规划与政策支持,使得中国—老挝农业职业教育合作具有服务两国农业合作的稳定目标,能有效维护和应对处于变动中的中老农业职业教育合作中的"共同收益 b"和"共同威胁 c",梳理"潜在损益 a",构建"电池模型"中共同利益的稳定框架。相应地,中国—老挝农业职业教育合作的可操作性即参与合作的各级政府、农业职业院校、农业研究院、农业企业、农民等各个参与主体可以通过农业试验站建设、农业人才培训、留学生教育、老挝分校建设等现实途径,对共同利益进行维护、拓展或分配,使得"共同收益 b"和"共同威胁 c"在正负两极上发挥超出"电池模型"本身的现实效应,而这也是共同利益运行的最终归宿②。中国—老挝农业职业教育合作运行的"知行统一"所蕴含的可预期性与可操作性,恰如基欧汉所言"通过政策协调过程,当行为者将它们的行为调整到适应其他行为者现行的或可预料的偏好上时,合作就会出现"③。

总体而言,中老两国对"一带一路"倡议的共鸣,以及构建中老命运共同体理念等国家层面的核心观念性力量奠定了中国—老挝农业职业教育合作的共同利益框架,这个利益框架内容可以解构为"潜在损益 a""共同收益 b""共同威胁 c"三个变量,这三个变量相互转换关系呈现出损益统一、动态发展、知行统一的总体特征,最终呈现出一个跨国合作的共同利益"电池模型",确定了中国—老挝农业职业教育合作的基本运行机理。通过这个模型可以解释中国—老挝农业职业教育合作发生变化的方式,即在中老两国农业合作利益或相互依赖发生变化时,通过适应性的流出端排出互斥利益,然后以"潜在损益 a"作为流入端进行再分流,使相对稳定的"共同收益 b""共同威胁 c"形成"效应机

① 门洪华,甄文东.共同利益与东北亚合作[J].外交评论,2013(3):93-108.

② 刘笑阳.国家间共同利益:概念与机理[J].世界经济与政治,2017(6):102-121,159.

③ 罗伯特·基欧汉.霸权之后——世界政治经济中的合作与纷争[M].上海:上海人民出版社,2006.

制”(电池串联),而令不稳定的部分纳入“适应机制”(流入流出)。中老两国基于“一带一路”倡议和中老命运共同体理念提出的农业和职业教育合作原则、目标和计划作为贯穿“电池模型”运行过程的“共识”,始终作为重要的导向阀存在,尤其是在“潜在损益 a”的分流阶段发挥着关键性作用。

第四节 中国—老挝农业职业教育合作互动机理

老挝处于“一带一路”海路与陆路的交会点,是“一带一路”倡议实施的东南亚重要枢纽,也是与中国签署共建人类命运共同体的国家,同时老挝所处的澜湄区域地缘政治复杂。国际教育援助中充满着不同国家对外战略的角力和国际形势的复杂影响[①],老挝所处区域决定其与外部的教育援助合作就必然交织着多重地缘政治博弈。因此,对于中国—老挝农业职业教育合作,仅剖析其基于中国—老挝两国国家利益和相互依赖形成的机理,或关注其内部结构性与运行机理,而忽略了从老挝作为东盟成员国的视角,乃至全球高度和广度进行分析,并不符合地缘政治视角下跨国教育合作真实的实践形态。在外部结构下探讨共同利益的有机互动或许能够为“共同利益为何能够成为合作的基础”给予解释[②],因此在中老双边、中老-东盟多边和全球三种国家间关系框架中,探讨中国—老挝农业职业教育合作的互动机理,这样既能着眼于“一带一路”倡议在中南半岛乃至东盟区域发挥作用的整体布局,也能彰显中老命运共同体建设在人类命运共同体建设中先行者、示范者的地位。

一、合作的中老双边互动

中国与老挝以维护与拓展自身国家利益为根本目标,开展农业和职业教育合作,形成两国利益相交,即相互依赖关系,中老双方政府、农业职业院校、农业研究院、农业企业等合作主体为这个相交领域内的利益开展理性博弈,在这一过程中,趋异和趋同的利益被逐渐区分开来,从而形成了农业产能、农产品贸易、现代农业发展、财政收入、农民脱贫等共同利益,同时也产生了趋异的两种互斥利益。一种互斥利益有利于中方合作主体但不利于老方合作主体,包括化肥、农药的过度使用等;另一种互斥利益不有利于中方合作主体但有利于老方合作主体,包括老方对中方援助的过度依赖,由此减少合作资源

① Yamamoto R. China’s development assistance in Southeast Asia: a threat to Japanese interests? [J]. Asian Survey, 2020, 60(2): 323.

② 刘笑阳. 国家间共同利益:概念与机理[J]. 世界经济与政治, 2017(6): 102-121, 159.

投入、中方合作成本增加等。两种互斥利益都会增加对方合作的成本,降低对方合作的意愿,这两个互斥利益会导致合作的不可持续性,导致合作双方皆无法再通过合作获得收益,这是共同利益博弈中的"损人不利己"之最劣解,有违中老命运共同体建设的基本宗旨。作为理性国家代表的中国和老挝政府为了避免出现这种极端情况,会协商选择尽量增加收益和减少损失,出台中老命运共同体建设行动计划等政策措施,规约各个合作主体遵循互惠互利的原则,为了增进共同利益而开展合作。

在国际合作中,即使在行为者相互之间存在共同利益的情况下,世界政治中的信息和沟通的障碍也可能阻碍合作的实现,并导致纷争涌现①。随着"一带一路"倡议快速推进,中国—老挝农业职业教育交流与合作活动逐渐增多,并呈现出多主体、多途径、多层次、多样态的特征,但合作机制有待构建,合作缺乏体系规划,缺乏沟通协调平台。首先,在合作框架上,缺乏国家部委层面的中国—老挝农业职业教育合作顶层设计。中国教育部与老挝教育与体育部没有出台两国职业教育合作专项规划,虽然有《中国—东盟教育合作行动计划(2016—2020)》《南宁宣言》《贵阳宣言》等针对中国与东盟教育合作的文件、宣言,并且中国农业农村部与老挝农林部的农业合作规划,以及中国商务部、国务院扶贫办与老挝国家农村发展与消除贫困委员会的减贫示范合作项目规划中也有少部分条款涉及中国—老挝农业职业教育合作,但这些文件表述对中国—老挝农业职业教育合作而言缺乏针对性、系统性。其次,在合作单位主体上,没有形成体系合力。中国各个农业职业院校各自对接老挝各个农业职业院校开展老挝留学生教育、师资和农技人员培训等"短、平、快"浅层次项目,中国相关院校之间缺乏办学信息与资源的沟通交流共享,而且没有老挝农林与农村发展研究院、在老中资农业企业等合作主体的参与,合作工作处于"点"式关联状态,尚未实现"面"的系统布局。因此,即使各个中国—老挝农业职业教育合作主体知悉两国顶层的政策设计,但缺乏沟通协调平台,受互斥利益、信息沟通不顺畅、信息缺失等因素的干扰,在合作实践中仍然会出现有合作主体选择"损人不利己""损人利己"等劣解。

二、合作的中国、老挝与东盟多边互动

冷战结束后,原东盟六国印度尼西亚、菲律宾、马来西亚、新加坡、泰国、文莱与越南等国家间不再对抗,1994 年 5 月,东盟六国和越南、老挝、柬埔寨三国以及缅甸共商建立十国"大东盟",会议发表声明强调东南亚应成为一个"共同体"。1995 年越南加入东盟,

① 罗伯特·基欧汉.霸权之后——世界政治经济中的合作与纷争[M].上海:上海人民出版社,2006.

1997 年老挝、缅甸加入东盟。从东南亚地缘政治角度来说，中国—老挝农业职业教育合作主要面临着两个层次的地缘政治博弈：

第一个层次，起源于印支战争的“老越特殊关系”至今对老挝仍有重大影响。教育援助是越南对老挝施加影响的重要手段，2019 年越南政府就援建老挝色贡省多征高中等多所学校，为老挝学生提供 1 000 份奖学金，在越留学生达 14 656 名，援助在老挝开展越语培训，为老挝 497 名党政干部开设 24 个培训班等①。2023 年 12 月 12—13 日，中共中央总书记、国家主席习近平对越南进行国事访问，双方一致同意构建具有战略意义的中越命运共同体，提出加强农业政策、农技、农产品种植加工、农产品协同标准、农产品准入程序等领域的合作，落实好中越教育合作协定，鼓励两国留学生、教育管理干部和教职人员往来，深化职业教育、数字教育合作。未来中老命运共同体、中越命运共同体将形成一个三角互动的关系，农业和教育合作在其中扮演着微妙而重要的角色。

第二个层次是东盟推进政治、教育等领域的一体化发展策略。在 2009 年东盟峰会上，东盟首次将教育共同体建设目标与东盟政治安全、经济、社会文化共同体建设相结合。② 老挝积极参与东盟一体化进程，通过参与制定与实施《东盟五年教育规划(2011—2015)》等东盟教育规划、规则，开展教材、教学标准、技能互认(MRS)等合作项目，培育东盟共同体意识，时任老挝国家主席本扬在 2016 年东盟峰会开幕式主旨演讲中指出，“老挝为成为多元的东盟大家庭的一员而感到骄傲，遵守东盟方式与东盟原则，并以维护和促进和平的方式与东盟成员国及世界其他国家共存。”③

对于中国—老挝农业职业教育合作来说，不当处理这些博弈有可能会产生“额外支出”，消减两国合作共同利益的价值与效用，同时互斥利益、不确定性以及信息缺失等问题在多边互动中可能产生叠加效应，致使共同利益的基础性作用进一步受到削弱。④ 当然恰当处理这些博弈，增加两国合作共同利益的价值与效用，并且能找到中国、老挝与其他东盟国家合作的叠加利益，也能产生“额外收益”。构建中老命运共同体行动计划等文件就提出减贫与乡村振兴领域的合作要依托中国—东盟、东盟与中日韩、澜湄合作等平台，深化在中国—东盟(10+1)合作、东盟与中日韩(10+3)合作、澜湄合作、东亚峰会等地区机制内以及亚洲基础设施投资银行框架下的协调和配合。在实践中，中国—老

① 越通社. 老挝总理通伦・西苏里访问越南：不断增加越老伟大的友谊[EB/OL]. (2020-01-02)[2023-02-09]. https：// cn. qdnd. vn/cid-6123/7183/nid-566868. html.

② ASEAN. ASEAN state of education report[R]. Jakarta：ASEAN，2013.

③ Keynote Address by H. E. Bounnhang Vorachith，President of the Lao People's Democratic Republic at the Opening Ceremony of the 28th and 29th ASEAN Summits and Related Summits[EB/OL]. https：// asean. org /wp-con.

④ 刘笑阳. 国家间共同利益：概念与机理[J]. 世界经济与政治，2017(6)：102-121，159.

挝农业职业教育合作中的中方政府、职业院校、农业研究院等积极与东盟官方机构以及东盟各成员国合作，如中国国家国际发展合作署在老挝、柬埔寨、缅甸三国6个项目村实施了东亚减贫项目，广西壮族自治区教育厅、江苏省教育厅等开展面向东盟的专业与课程资源开发，广西农业职业技术大学牵头建立中国—东盟农业培训中心、中国—东盟农业职业教育论坛与联盟，各涉农职业院校与老挝、越南、泰国、马来西亚等多个东盟国家开展留学生教育合作，广西农业科学院牵头成立中国(广西)—东盟农业科技创新联盟等。通过这种合作形式，有利于形成基于多方合作共识与共同利益，规避或者缓解地缘政治上的摩擦和损耗，同时扩大合作受益面，增加农业和农业职业教育资源推广应用边际效益，降低国际合作成本。

三、合作的全球互动

随着全球化发展，粮食安全、贫困、环境等全球性问题促使各国不仅追求各自的利益，也更加关注整体的利益和他者的利益，不同国家间的利益相互绞合，共同形成全球利益链，链条的良性循环有赖于整体结构内每一个细微部分的基本运转，单一环节脱链，都将使得整个传动系统瘫痪①，这个利益链条高效运转有赖于国与国之间合理的利益分配。人类命运共同体的国际教育援助在本质上是共同体内部不同主体的互助合作行为，具有国际合作性、平等互利性、开放包容性的特征②，是解决全球性问题的宗旨。

日本、瑞典、澳大利亚、法国、美国、德国等西方国家对老挝进行了大量教育援助，据OECD统计，2018—2019年美、日、德、澳合计援助达1.974亿美元③，包括援建学校、资助留学生、与老挝国立大学、东坎商农业技术学院合作等，兴办了老德技术学院(Lao-German Technical College)、老美学院(The Lao-American College)、老韩学院(Lao-Korean College)等学校，奉行务实外交的老挝也积极接受这些援助。加拿大全球化研究中心学者指出："如今，西方出资的非政府组织正在万象和老挝其他城市全力以赴地开展活动，但这些活动不是促进老挝的发展进步，而是推动西方策划的反对老挝共产党政府与中国合作项目的活动④。"这样的举动很有可能成为中老农业和农业职业教育合作的互斥利益，对解决老挝粮食安全、贫困、环境等符合全球共同利益的行动造成负面影响。

① 曲星.人类命运共同体的价值观基础[J].求是，2013(4)：53-55.

② 张永富，徐辉.人类命运共同体视域下国际教育援助的核心内涵、理论特征与时代价值[J].西南大学学报(社会科学版)，2021，47(5)：102-109，225.

③ OECD. Financing for sustainable development. Data visualisations[EB/OL].(2021-07-26)[2024-06-30]. http://www.oecd.org/dac/financing-sustainable-development/datavisualisations/.

④ 安德烈·维尔切，陈俊安.加媒：中国在老挝建设而西方在破坏[N].环球时报，2018-10-31.

对此，中老两国评估中老命运共同体建设实践成效和面临的重大问题，在《中国共产党和老挝人民革命党关于构建中老命运共同体行动计划(2024—2028 年)》中进一步提出“反对搞针对特定国家的阵营化和排他性小圈子”“推动全球治理朝着更加公正合理的方向发展”“共同推动全球发展倡议优先在老挝取得积极成果”。在中国—老挝农业职业教育合作的具体举措上，为解决上述共同利益与互斥利益冲突，可以采取以下合作策略：首先，未来在应对老挝粮食安全、贫困、环境等问题时，应以寻找中老合作共同利益、老挝与西方国家合作共同利益的交汇点，寻求全球共同利益本身实现互利效应的叠加，如由江苏农牧科技职业学院牵头成立的国际农牧业高等职业教育联盟由中国、老挝、柬埔寨、加拿大、美国、澳大利亚、比利时、南非、埃及等 40 个国家和地区的 139 所职业院校、农牧企业、研究机构组成，致力于充分利用联盟成员的特色和优质办学资源，开展多种形式合作，在联盟成员之间建立起长期的互惠互利合作关系。其次，在国际教育援助秩序上，改变中国致力于成为新兴援助国但又游离于主流国际援助架构的局面，通过缴纳较高比例的会费、捐款等方式对联合国教科文组织、多边援助机构发挥较大的塑造作用和影响力，成为国际教育援助公正合理规则的制定者和解释者，在中国与老挝的教育合作中展现中国援助公开透明的国际形象，增进国际组织、国家政府、NGO 援助合力，并利用专门机构提升援助的专业性和效率。通过上述举措，寻求中国、老挝、东盟和全球 4 个层面的共同利益交织区域 A(图 3-3)，寻求不同利益主体合作的最大公约数，为中国—老挝农业职业教育合作创建良好的运行环境。

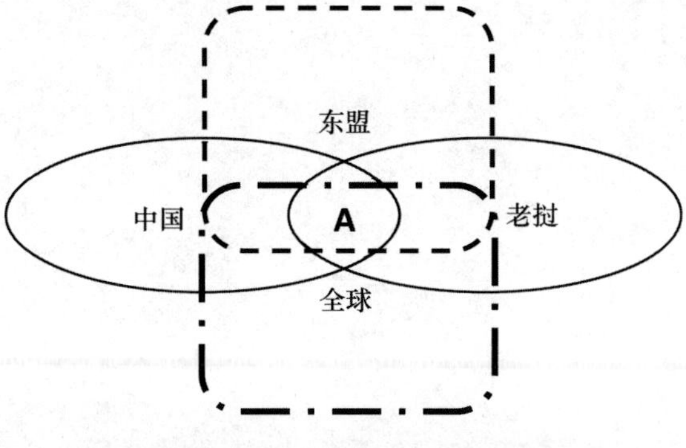

图 3-3 共同利益的互动机理

综上所述，构建中老命运共同体背景下的农业职业教育合作在本质上是共同体内部不同主体的互惠合作行为，具有国际合作性、平等互利性、开放包容性的特征[①]。通过中国与老挝，中国—老挝与东盟，中国—老挝与全球 3 个层次的共同利益互动机理，推进

① 张永富，徐辉. 人类命运共同体视域下国际教育援助的核心内涵、理论特征与时代价值[J]. 西南大学学报(社会科学版)，2021，47(5)：102-109，225.

了中国—老挝农业职业教育合作，证明"共同利益能够引起合作"的理论假设，合作实践中出现的各种阻滞因素及解决举措，只是从另外一个角度证明了"合作不仅需要共同利益，也需要制度的存在"[①]，彰显构建合作机制的重要性。

第五节　结　　语

目前国际力量对比和全球格局正在经历深刻演变，政治博弈、经济竞争和军事冲突加剧，世界百年未有之大变局加速演化，更彰显了"一带一路"倡议、人类命运共同体建设的价值。教育合作是落实"一带一路"倡议的基础，也是构建人类命运共同体最根本和最重要的"培养基"，理当发挥独一无二和不可替代的特殊作用，因此我国的对外教育援助事业被赋予了新的历史使命和时代价值。通过构建共同利益这个理论分析框架，得以对中国—老挝农业职业教育合作机制进行系统分析，厘清其合作形成机理、运行机理和互动机理，为下一步剖析农业试验站建设、农业人才培训、留学生教育、老挝分校建设等中国—老挝农业职业教育合作实践经验，分析合作组织管理和保障、合作规范与质量控制、合作效果评估与应用等奠定基础。同时，从特殊性中发现共性，也可为中国与其他发展中国家开展职业教育合作实践和相关理论研究提供经验启示和路径参考。

① 罗伯特·基欧汉. 霸权之后——世界政治经济中的合作与纷争[M]. 上海：上海人民出版社，2006.

第四章

中国—老挝农业职业教育合作组织管理和保障

中国—老挝农业职业教育合作是中老两国落实“一带一路”倡议、构建中老命运共同体等国家大政方针的产物，必须从政策角度分析两国职业教育合作的职能定位、组织模式、合作机构的遴选和保障等方面的内容。依据两国外交、农业和职教发展等相关政策文件，梳理双方开展农业职业教育合作的目的、合作原则，以及各方在合作中的角色和定位等基本情况；总结广西农业职业技术大学的“研—学—产”合作模式，以及江苏农林职业技术学院、江苏农牧科技职业学院、铜仁职业技术学院、成都农业科技职业学院等涉农职业院校与老挝的教育合作现状，分析各校在老挝农业基地建设、留学生教育、农业人才培训等方面取得的成效；以面向东盟的职业教育开放合作创新高地广西为例，阐述广西与老挝官方遴选合作机构的条件，以及促进合作的保障条件等。

第一节　中国—老挝农业职业教育合作的职能定位

职业教育作为现代教育体系中至关重要的组成部分，扮演着培养国家专业技术人才的重要角色，也是中国对外教育合作的重要选项。近年来，中老两国在职业教育领域积极展开合作，两国政府明确了农业及职业教育合作的原则、目标，以及各方在合作中的角色和定位，中老涉农职业院校、中资农业企业、农业研究院等各合作主体得以各司其职、凝心聚力向前推进两国农业职业教育合作进程。

一、中国—老挝开展农业职业教育合作的原则、目标

自 2013 年“一带一路”倡议提出以来，通过中老两国历次会谈、重大合作文件的出台

等,将人类命运共同体理念从构想转变为现实,两国确立的"长期稳定、睦邻友好、彼此信赖、全面合作"方针延续至今[①],成为两国开展各项合作根本政治原则,平等互信互助互惠成为两国合作的特征,农业和教育合作成为中老命运共同体建设的重要内容,其合作原则和目标也愈加明晰,从"授人以鱼"发展到"授人以渔",发挥企业等市场主体作用,激发老方发展的内生动力,实现高质量、可持续的共同发展。

2013 年 9 月,中共中央总书记、国家主席习近平同来华访问的时任老挝人民革命党中央总书记、国家主席朱马里会谈时,首次提出中老关系不是一般意义的双边关系,而是具有广泛共同利益的命运共同体,中方愿同老方一道,在长期稳定、睦邻友好、彼此信赖、全面合作方针指引下,丰富和发展以互信互助互惠为特征的中老全面战略合作伙伴关系,拓展绿色农业等新兴领域合作,继续加强教育等领域的交流合作,朱马里认为两国在教育等领域合作不断加强,两国要维护共同利益,实现共同发展。

2016 年 9 月,李克强总理对老挝进行正式访问,两国发表联合公报,同意发挥互补优势,不断提升农林等领域合作水平,探索在生态建设、农业投资与技术交流等领域合作,扩大在教育等人文领域交流合作,并将围绕两国重点合作领域和大项目,推进职业教育合作,中方将向老方提供更多中国政府奖学金名额。

2018 年 1 月,中国与老挝等澜湄区域六国密切结合各自发展需求和区域一体化进程,以政府引导、多方参与、项目为本的模式运作,积极探索符合六国特点的新型次区域合作模式,在协商一致、平等相待、相互协商和协调、自愿参与、共建、共享的基础上,发布《澜沧江—湄公河合作五年行动计划(2018—2022)》,提出将澜湄合作打造成为独具特色、具有内生动力、受南南合作激励的新型次区域合作机制。加强农业可持续发展合作,扩大农业科技领域的交流与合作,打造澜湄国家统一农产品市场,共建农业产业合作园区,推动澜湄国家减贫经验交流和知识分享;在中国—东盟教育交流周期间举办活动,加强澜湄国家合作;加强职业教育培训,支持在中国设立澜湄职业教育基地,在湄公河国家设立澜湄职业教育培训中心,推动澜湄国家高校合作等举措[②]。

2019 年 4 月,两党两国最高领导人签署《中国共产党和老挝人民革命党关于构建中老命运共同体行动计划》,确定了 5 年内推进战略沟通与互信、务实合作与联通、政治安全与稳定、人文交流与旅游、绿色与可持续发展的"五项行动",积极开展减贫交流与对话,开展村级减贫试点项目,实施好援老挝减贫示范合作项目,中方向老挝派遣农业专

---

① 中华人民共和国中央人民政府.中国共产党与老挝人民革命党关于构建中老命运共同体行动计划[EB/OL].(2019-05-01)[2024-03-19].https://www.gov.cn/xinwen/2019-05/01/content_5388031.htm.

② 周月,罗安迪.中柬教育合作的现状与挑战[J].南亚东南亚研究,2020(4):77-93,155-156.

家，帮助培养农民致富带头人，共同建设中老现代化农业产业合作示范园区，提高农业产量和农产品附加值，鼓励发展可持续农业和外向型农业[①]。开展职业教育合作办学，服务中老大项目建设。

2023 年 10 月，中老两党续签《中国共产党和老挝人民革命党关于构建中老命运共同体行动计划（2024—2028 年）》。在 2019 年行动计划基础上，进一步细化了合作举措，提出加强减贫与乡村振兴领域经验交流与合作，依托中国—东盟、东盟与中日韩、澜湄合作等平台加强经验交流，积极推动东亚减贫示范合作二期项目启动和实施，支持老挝减贫领域人员能力建设。进一步深化农业农村领域合作，健全工作机制，围绕农作物种植、畜禽和水产养殖、农产品质量安全、农产品加工、仓储和物流、数字技术应用、农村电子商务、乡村产业发展等领域持续开展合作，不断提高农业从业人员素质，促进农业可持续发展和农业农村现代化，加强农业经贸投资合作[②]。在教育合作方面，中方提出欢迎老挝优秀学生来华留学，进一步加强人力资源开发合作，中方愿根据老方需要，提供多双边培训名额等举措，推动建设更多符合老挝发展需要的职业技术学校。

2023 年 12 月，《澜沧江—湄公河合作五年行动计划（2023—2027）》在原有 2018 年行动计划的基础上，提出要加强澜湄国家农业战略对接、政策沟通和经验分享，发挥好澜湄合作农业联合工作组和澜湄农业合作中心的核心作用，促进区域绿色、可持续及创新型农业发展，加强减贫与乡村发展领域的政策对话与经验分享，采取线上与线下相结合的方式，举办论坛、研讨座谈、“村官”交流项目等活动，根据成员国需求开展政策咨询和技术援助合作。鼓励高校间开展学者、教师、学生和工作人员交流，开展联合培养和联合研究，鼓励教育机构共同开发教材和课程体系，开展校企合作、师资培训等活动，提升澜湄国家技能发展水平。

十年来，在中老两国及澜湄区域六国合作文件中有关中老两国农业和教育合作的价值功用表述发生了深刻的变化，第一，在政治上，农业和教育合作从局限于中老两国双方的互动，转变为在澜湄区域六国，乃至中国—东盟、东盟与中日韩、澜湄合作等更广阔空间背景下的人类共同行动，彰显了中老命运共同体为构建人类命运共同体作出的积极努力和示范，也指出了必须将中老两国农业和教育合作置于一个更宏大的背景进行考量，认识它们在推进区域协同发展中的重大价值；第二，在具体内容上，中老两国农业和教育合作从概略性表述深化为与时俱进的具体合作举措，农业合作细化为基地

① 中华人民共和国中央人民政府. 中国共产党与老挝人民革命党关于构建中老命运共同体行动计划[EB/OL]. (2019-05-01)[2024-03-19]. https://www.gov.cn/xinwen/2019-05/01/content_5388031.htm.

② 中华人民共和国中央人民政府. 中国共产党与老挝人民革命党关于构建中老命运共同体行动计划[EB/OL]. (2019-05-01)[2024-03-19]. https://www.gov.cn/xinwen/2019-05/01/content_5388031.htm.

建设、农民减贫、技能培训、技术研发等传统要素以及电子商务、可持续发展、绿色农业等现代趋势，职业教育从教育合作中单列出来，突出强调其服务中老大项目的作用，具体举措包括了设立奖学金、增加留学名额、设立培训基地、共同开发教学资源等；第三，在合作主体上，中老两国农业和教育合作从单纯政府行为转向由政府引导、校研企等多方主体参与、项目为本的协同，更加重视市场要素的参与，职业教育要为农业技术、农产品贸易、产业减贫项目等提供人才支撑，发挥其在合作中的基础性和先导性作用。

二、中老双方政府、学校、研究院、企业等在合作中的角色和定位

（一）中国政府、学校、企业等在合作中的角色和定位

中国政府加强中国与老挝等东盟国家的农业和职业教育合作规划的顶层设计，强化国内教育部、农业农村部、各省（区、市）等各部门各地方的统筹协调工作，引导广西、贵州、云南、广东发挥区位优势和地方特色，开展面向东盟的合作，将广西打造为面向东盟的职业教育开放合作创新高地。在具体合作形式上，教育部以及各省（区、市）政府规划职业教育服务农业等产业走出去，推进产教集聚融合，要求学校整合企业等优质资源，以校企深度合作产业化运作开展留学生教育、人才培训、海外办学、标准输出等多种面向老挝等东盟国家的合作形式。

2016年7月，中国教育部出台《推进共建"一带一路"教育行动》，提出发挥政府引领、行业主导作用，促进高等学校、职业院校与行业企业深化产教融合。在地方政府层面，突出地方推进共建"一带一路"的主体性、支撑性和落地性，要求各地发挥区位优势和地方特色，抓紧制定本地教育和经济携手走出去行动计划，紧密对接国家总体布局①；在学校层面，要求职业院校要立足各自发展战略和本地区参与共建"一带一路"规划，鼓励中国优质职业教育配合高铁、电信运营等行业企业走出去，探索开展多种形式的境外合作办学，合作设立职业院校、培训中心，合作开发教学资源和项目，开展多层次职业教育和培训，培养当地急需的各类"一带一路"建设者②。支持在共同区域、有合作基础、具备相同专业背景的学校组建联盟，不断延展教育务实合作平台；在企业层面，支持企业积极与学校合作走出去，按照市场规则依法参与中外合作办学、合作科研、涉外服务等教育对外开放活动。

2017年5月，中华人民共和国农业部、中华人民共和国国家发展和改革委员会、中

① 张爱琴."一带一路"背景下宁夏民族教育对外开放政策与实践［J］.民族高等教育研究，2018，6（6）：7-12.

② 程淑华，章金萍."一带一路"倡议下高职院校创新创业教育国际化的困境与策略——基于浙江金融职业学院的分析［J］.职业技术教育，2018，39（15）：23-26.

华人民共和国商务部、中华人民共和国外交部四部委联合发布《共同推进“一带一路”建设农业合作的愿景与行动》，提出深化中国—中南半岛、孟中印缅等六大经济走廊的农业贸易投资合作，打造优势技术、重点产品农业合作大通道，充分利用中国—东盟、澜沧江—湄公河合作等现有涉农多边机制，提出中国南部省（区、市）立足热带农业，与东南亚、南亚国家开展粮食、热带经济作物等种植合作等建议。

《中国共产党和老挝人民革命党关于构建中老命运共同体行动计划》（2019 年）提出中方鼓励有关省（区、市）发挥自身的区位和资源优势，在对老合作方面形成各展所长、互补互助的良好态势。依托澜沧江—湄公河合作、中国—东盟博览会、中国云南—老挝北部合作工作组等平台和机制，努力将云南、湖南、广西、广东等省区打造为对老合作高地。

广西、贵州、云南等省区依托与老挝等东盟国家地理相近、农业产业相似的地缘优势，积极开展与老挝等东盟国家的职业教育合作，发挥毗邻东盟区位优势，深化与东盟的职业教育交流合作。以广西为例，其在面向东盟的职业教育合作方面取得了突出的成效。一是搭建沟通对话平台，举办了 7 届中国—东盟职业教育联展暨论坛，搭建中国—东盟边境职业教育联盟等一批国际交流合作平台，与东南亚教育部部长组织共建中国（广西）—东南亚技术与职业教育培训中心；二是拓展海外服务效能，支持 20 多所职业院校协同行业企业走进东盟国家，服务机械制造等行业企业在海外办学，成立 28 个海外培训基地；三是共建共享教育资源，与东盟国家院校共同制定专业标准 42 个、课程标准 207 个、岗位标准 21 个、技术标准 99 个；四是打造“留学中国 · 学在广西”品牌，10 年来，东盟国家在广西 12 所高职院校留学的在校生年均超过 1 000 人。

鉴于广西在面向东盟的职业教育方面取得的突出成效，2023 年 4 月，教育部与广西先后签署推进广西教育高质量发展战略合作协议和补充协议，联合印发《推动产教集聚融合 打造面向东盟的职业教育开放合作创新高地实施方案》，努力打造面向东盟的职业教育开放合作创新高地。一是持续探索产教融合新模式，通过整合资源，建设 10 个市域产教联合体、15 个行业产教融合共同体；二是持续推动创新联合办学机制，整合本科高校、职业院校、科研院所和行业龙头企业优质资源，建设 10 个中国—东盟技术创新学院和 10 个中国—东盟现代工匠学院①，探索专、本、研衔接培养模式，构建中外学位联授的国际化高层次技术人才培养体系；三是持续推动数字赋能职业教育，深入实施教育数字

① 中华人民共和国教育部. 打造面向东盟的职业教育开放合作创新高地[EB/OL]. http://www.moe.gov.cn/jyb_xwfb/moe_2082/2024/2024_zl01/202401/t20240115_1100345.html.

化战略行动，升级建设中国—东盟职业教育云平台，开展跨国(境)远程教学等服务。探索建立课程互选、学分互认等机制，全面赋能职业教育高质量发展。

农业农村部、广西壮族自治区教育厅等政府部门将广西农业职业技术大学作为与老挝等东盟国家开展农业、职业教育合作的重要基地，该校与老挝等东盟国家开展20多年产教融合、科教融汇合作，将农业技术输出、农业人才培训、留学生教育、海外办学等合作路径融为一体，2002年我国农业部正式确定该校作为实施农业科教"走出去"战略试点单位。2004年经老挝农林部种植司引荐，学校与老挝占巴塞省政府农林厅合作在该省巴松市建立"中老合作农业试验基地"。2012年我国农业部在该校设立中国—东盟农业培训中心。2013年中老两国农业部门指派学校与老挝农林与农村发展研究院在老挝万象共建"中国—老挝合作农作物优良品种试验站"。2019年学校开始招收老挝留学生，2022年与老挝东坎商农业技术学院共建老挝分校。在打造面向东盟的职业教育开放合作创新高地中，广西壮族自治区教育厅确定该校作为牵头单位承担2项重要工作：一是与老挝国立大学、老挝东坎商农业技术学院等院校，以及广西扬翔股份有限公司、桂林力源粮油食品集团有限公司、广西园丰牧业集团股份有限公司等公司合作共建中国—东盟现代畜牧技术创新学院；二是作为牵头单位与老挝国立大学、老挝东坎商农业技术学院，以及中国湖南炫烨生态农业发展有限公司、广西金穗农业集团有限公司合作共建中国—老挝现代农业工匠学院。

(二)老挝政府、学校、研究院等在合作中的角色和定位

老挝政府积极响应中国提出的共建"一带一路"倡议，充分利用中老命运共同体建设的红利，通过各种法令条例顶层设计获得中国等外部的援助，利用中国—东盟职业教育论坛等会议表达渴望获得中国职业教育援助支持的强烈意愿，大力支持东坎商农业技术学院等职业院校与中国开展留学生教育、专业与课程标准开发、技能培训等领域的职业教育交流与合作，支持老挝农林与农村发展研究院与中方学校、研究院开展农业技术研究与培训等交流合作。

《老挝人民民主共和国教育改革战略规划(2006—2015年)》指出要加强国际合作，鼓励与国外、国际组织机构开展教育方面的合作，争取援助发展教育。

老挝教育与体育部在2007年4月发布的《2006—2020年职业技术教育培训发展战略计划》中提出职业教育发展取得的经验主要是继续争取外国援助，按既定目标完成职业技术教育和培训领域的合作项目，确保现有合作项目持续进行。

2007 年,《老挝人民民主共和国教育法(修订本)》第八条国际合作规定国家鼓励本国高校与国外及其组织机构的合作与联系,争取国外资金支持用于基础建设及行政人员学历提升,深化专业建设、教学研究、行政管理、教育管理等方面的经验交流,促进双方对课程设置、文凭、教师资格证、学业证等方面的了解①。

2012 年 5 月,老挝农林部在给中国农业部、广西壮族自治区人民政府的感谢信中希望中方增加"中老合作农业试验基地"的投入,扩大试验站在老挝及东南亚国家的影响,把试验站早日建成现代化农业基地、人才培养基地和中老友谊基地。

2016 年,老挝教育与体育部《职业技术教育培训发展规划(2016—2020 年)》提到职业教育应有助于加速老挝社会经济发展,并帮助实现消除贫困的政府目标,到 2020 年从最不发达国家集团中走出来,走向现代化。

2019 年,老挝国会审议通过并正式颁布第 63 号文《职业教育法(修订版)》。规定政府鼓励与别国职业技术教育进行交流合作,以交流经验,提高水平、技术,共同研究,不断提高水平,老挝将以同盟的身份遵守各项条约。

2019 年 9 月,在中国—东盟职业教育联展暨论坛上,老挝教育与体育部副部长孔习·萨曼尼先生指出,老挝政府广泛实行对外开放,与周边国家开展对外经济合作,提高有效性。在每个时期,老挝与邻邦国家及合作伙伴都携手共同为社会经济和人际关系的发展作出贡献,让弱势社群有机会接受技能训练,以及开辟不同教育途径,将是老挝来年的工作重点,以"实践全民接受优质职业教育"的承诺,推动终身学习,务求在 2030 年前实现可持续发展目标。

2023 年,在中国—东盟教育交流周开幕式上,老挝教育与体育部部长普·西玛拉冯表示,加强对外合作培养优质人才,本届交流周为中国—东盟交流思想、分享经验、增进合作提供了重要机遇,愿与中国和东盟各国一道,进一步在学生交流、联合科研等领域深化合作。

在老方政府的支持下,东坎商农业技术学院、占巴塞农林学院、甘蒙职业技术学院、北部农林学院等涉农职业院校与中方广西农业职业技术大学、江苏农林职业技术学院、江苏农牧科技职业学院、铜仁职业技术学院、成都农业科技职业学院、广西职业技术学院等涉农职业院校开展留学生教育、教师培训、农技人员培训、老挝分校建设等合作活动,并加入中方发起的国际农牧业高等职业教育联盟、中国—东盟农业职业教育联盟

---

① 汪少贤. 老挝高等教育政策研究[D]. 南宁:广西民族大学,2013.

等，同时也获得中国政府支持的澜沧江—湄公河合作专项基金项目、2019—2021 年湄公河生态山羊养殖场项目等援助项目支持。老挝农林与农村发展研究院获得中方资金和技术支持，与广西农业职业技术大学共建中国—老挝合作农作物优良品种试验站，并与四川农业大学、广西壮族自治区农业科学院、湖南省农业科学院等合作，加入了广西壮族自治区农业科学院牵头成立的中国—东盟农业科技创新联盟，在农业技术、作物新品种研究与推广、农业人才培训方面取得显著业绩。

第二节　中国—老挝农业职业教育合作进展

广西农业职业技术大学、江苏农林职业技术学院、江苏农牧科技职业学院、成都农业科技职业学院、铜仁职业技术学院等中国各涉农职业院校落实国家"一带一路"倡议和中老命运共同体建设行动计划，根据国家和各省级政府部门对农业和农业职业教育的布局规划，将对外农业职业教育交流合作视为提升学校办学实力、凝练办学特色的重要举措，准确定位本校与老挝等东盟国家开展合作的职能定位，与老挝院校开展留学生教育、人才培训、农业科技基地建设等合作，取得了显著的成效。其中，广西农业职业技术大学作为中国—东盟农业职业教育联盟牵头单位，与老方合作开展农技培训、留学生教育、农业技术试验站建设、老挝分校建设等，形成了中国—老挝农业职业教育"研—学—产"合作模式，在增进中老两国关系、人才培养、农业技术研发与应用、减贫等领域取得了显著的业绩，被老挝农林部授予"为老挝农业、林业和社会发展作出杰出贡献奖"，被中老官方誉为"两国间农业合作的典范"[①]，获得职业教育国家教学成果奖二等奖 1 项、广西职业教育自治区级教学成果等次评定一等 2 项。

一、广西农业职业技术大学

广西农业职业技术大学位于广西南宁，地理位置紧邻越南，面向澜湄区域，辐射东南亚。该校前身之一的广西农业职业技术学院，起源于 1942 年 1 月创办的广西农业学校，2002 年升格为广西农业职业技术学院，2021 年经教育部、广西壮族自治区人民政府批准与广西壮族自治区畜牧研究所、广西大学行健文理学院合并转设成为广西农业职业技术大学，是农业农村部、教育部推介的"全国乡村振兴人才培养优质校"、广西高水平

① 简文湘. 试验站帮我们老挝发展现代农业[N]. 广西日报，2019-09-17.

高职学校和高水平专业立项建设单位、教育部现代学徒制试点单位、广西首批高等职业教育示范性产业学院、广西现代职业教育发展示范项目区域合作（国际合作）试点单位。

2002 年广西农业职业技术学院被农业部正式确定为“实施农业科教‘走出去’战略试点工作”试点单位，与越南河西省高等技术学校、越南中央高等农林学校、印度尼西亚北苏拉威西省的 LOKON 学校、老挝南方高等农林学校等建立了“姐妹学校”关系，学院的杂交玉米在越南、老挝、缅甸等东盟国家都有大面积推广种植。学校还与越南的河内外国语大学、河内国家大学下属外国语大学、海防大学和荣市大学、菲律宾爱里莱诺（Arellano）大学、泰国格乐（Krirk）大学、曼谷北部大学、泰国华侨崇圣大学、泰国帕纳空皇家师范大学等签订了“教育合作协议书”，双方互派留学生和教师。越南共产党中央总书记农德孟、越南国家主席陈德良、柬埔寨首相洪森、老挝国家总理波松、布隆迪总统恩库伦齐轧等都曾到学院八桂田园实训基地参观考察。2020 年，学校牵头组建“中国—东盟农业职业教育联盟”，吸纳江苏农林职业技术学院、江苏农牧科技职业学院、铜仁职业技术学院、成都农业科技学院等成员单位共 38 家，遍及老挝、越南、柬埔寨、泰国等东盟 5 个国家；学校作为发起单位参与组建“国际农牧高等职业教育联盟”，发展成员单位 139 家，并成为联盟副理事长单位①。

广西农业职业技术大学通过与老挝等东盟国家 20 多年的农业职业教育合作交流，探索形成了独具特色的“研—学—产”融合助推中国—老挝农业职业教育高质量发展模式。

案例 4-1

跨国“研—学—产”融合助推中国—老挝农业职业教育合作高质量发展

2003 年 3 月，广西农业职业技术学院注册成立了广西华亚金桥农业科技开发有限责任公司，面向老挝、越南等东南亚国家开展试验基地工作。学院及下属广西华亚金桥农业科技开发有限责任公司、广西现代农业技术展示中心承担中国商务部、农业部、广西科技厅等不同部门下达的建设项目，分别在老挝、越南、印度尼西亚、缅甸等国家合作共建现代农业科技示范基地 4 个（表 4-1），在当地开展了新品种新技术的试验、示范与推广工作，并通过农业技

① 沈明，苏婷婷，汪少贤.“澜湄合作”背景下广西—老挝农业职业教育合作的路径［J］. 太原城市职业技术学院学报，2023(9)：65-67.

术输出和教育培训的结合,接收了数以千计的当地农业职业院校的教师、学生、技术人员和农民到基地实习锻炼或接受培训[①],开始探索产教融合、科教融合路径。

表 4-1　学院前期在国外援建的农业科技示范基地情况

序号	基地名称	建设时间
1	越南果蔬科技示范基地	1996—2005 年
2	印度尼西亚农业科技成果展示园	2005—2008 年
3	缅甸水稻玉米制种基地	2007—2013 年
4	中国—老挝合作农业试验基地	2004 年至今

2004 年,经老挝农林部种植司引荐,广西华亚金桥农业科技开发有限责任公司与老挝占巴塞省政府农林厅以合作方式在该省波罗芬高原的巴松市建立"中老合作农业试验基地"。老方为基地提供土地 60 公顷,由中方投资开发并无偿使用 20 年,使用期间基地上所有种植物及其产品的销售收入全部归中方所有,该基地作为老挝农民的培训学校和老挝南方高等农林学校的教学实习基地,初步呈现出市场化运作、"研—学—产"融合的特征。

2013 年 9 月,中国农业部与老挝农林部同意以"中—老合作农业试验基地"为基础,由广西农业职业技术学院和老挝农林与农村发展研究院分别代表两国在老挝万象共建"中国—老挝合作农作物优良品种试验站"。[②]

自 2004 年开始,通过前期大量工作,以 2013 年中老合作开展试验站建设为标志,形成了"研—学—产"融合助推中国—老挝农业职业教育高质量发展模式(图 4-1),并在实践中不断优化。该模式以试验站为核心,开展的教学改革核心举措包括:第一,构建"共生环境-合作团队-融合平台"中国—老挝合作研学产共生体;第二,构建"技术标准-职教标准-产业应用"研学产融合递进链;第三,构建"老挝-澜湄-东盟"研学产区域递进层级体系。模式应用成效显著,第一,育训资源丰富,老挝农业人才培养多;第二,研发大量新品种、技术标准,并进行产业示范,有力促进了老挝农业发展;第三,促进了中老政府高层对农业职业教育合作增进两国共同利益的认知,增进了中老政治互信;第四,为中国—东盟农业职业教育合作提供了可行性方案。

① 李祖培.广西农业职业技术学院与东盟国家交流合作成效显著[N].农民日报,2018-04-13. https://www.farmer.com.cn/2018/04/13/99664548.html.

② 简文湘.试验站帮我们老挝发展现代农业[N].广西日报,2019-09-17.

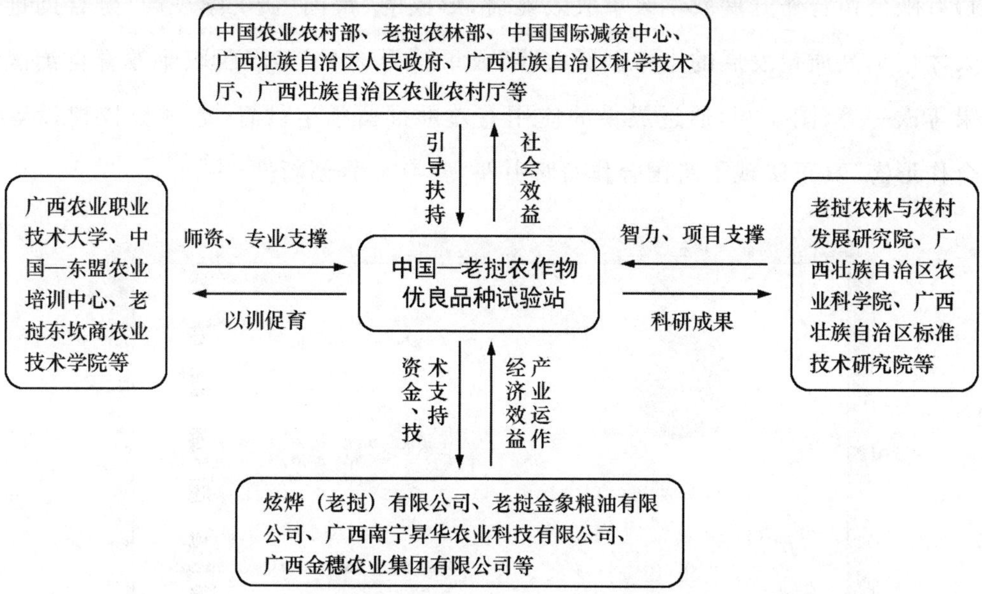

图 4-1　“研—学—产”融合助推中国—老挝农业职业教育合作高质量发展模式

在试验站建设期间，学校与老方“研—学—产”合作逐步深入，循序渐进的培育教学成果奖。

第一，学校前期针对涉外农技人员培训需求差异性等问题，为满足老挝、越南、斐济、埃塞俄比亚等国家农业技术培训需求，通过广西现代农业技术展示中心和中国—老挝合作农作物优良品种试验站探索“研究-实训-应用”培训方式，确保农业技术培训内容契合当地农业时令和技术需求，辐射带动老挝农业技术发展，受益面广，效果显著。2019年，“技术导向·基地支撑——科研助推基层农业技术技能人才培养的探索与实践”成果报告获得广西职业教育自治区级教学成果等次评定一等(图 4-2)。

第二，自 2019 年起，学校与广西现代农业技术展示中心、老挝农林与农村发展研究院合作，针对中老农业发展水平的技术障碍、跨国合作效费比低等问题，将“研究-实训-应用”培训方式进一步完善为“研—学—产”合作模式，通过这一模式的运用将学校服务广西脱贫攻坚、乡村振兴形成的“1＋N”乡村人才培训模式成功向老挝推广，有效推进老挝农业发展和减贫，形成的“平台支撑　科研助推　精准帮扶：‘1＋N’乡村人才培训模式本土与异国实践”成果获得 2022 年职业教育国家级教学成果奖二等奖(图 4-3)。

第三，学校针对老挝农业人才培训资源缺乏整合机制、中老农业人才培训规格差异、育训未能协同发展、产教融合度低等问题，并进一步提炼“研—学—产”合作模式内涵，与广西农业科学院、老挝农林与农村发展研究院、老挝东坎商农业技术学院、炫烨

(老挝)有限公司合作开展教学改革成效显著,形成的"跨国'研—学—产'融合助推老挝农业人才培训高质量发展的十年创新实践"成果获得 2023 年广西职业教育自治区级教学成果等次一等(图 4-4),通过成果的应用有效助推留学生教育、老挝分校建设等学历教育合作形态,真正实现了跨国合作育训并举,具有显著创新性。

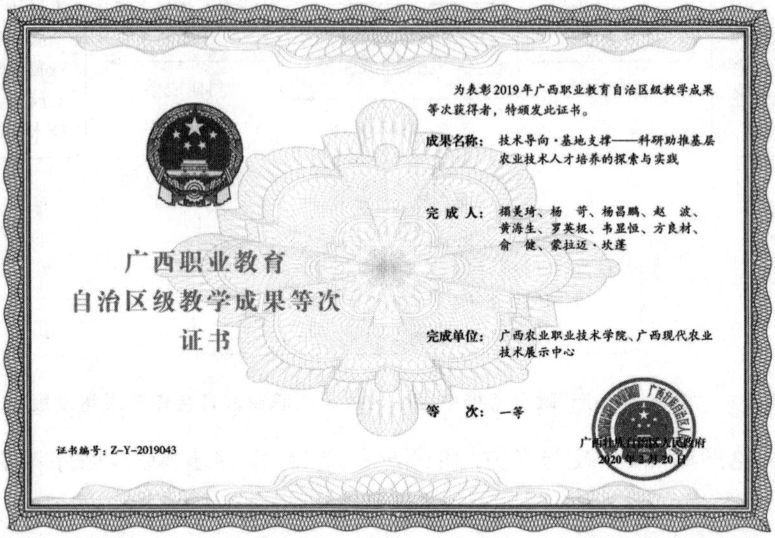

广西职业教育
自治区级教学成果等次
证书

为表彰2019年广西职业教育自治区级教学成果等次获得者,特颁发此证书。

成果名称:技术导向·基地支撑——科研助推基层农业技术人才培养的探索与实践

完 成 人:禤美琦、杨 苛、杨昌鹏、赵 波、黄海生、罗英极、韦显恒、方良材、俞 健、蒙拉迈·坎蓬

完成单位:广西农业职业技术学院、广西现代农业技术展示中心

等 次:一等

证书编号:Z-Y-2019043

广西壮族自治区人民政府
2020 年 3 月 20 日

图 4-2　2019 年广西职业教育自治区级教学成果等次评定一等证书

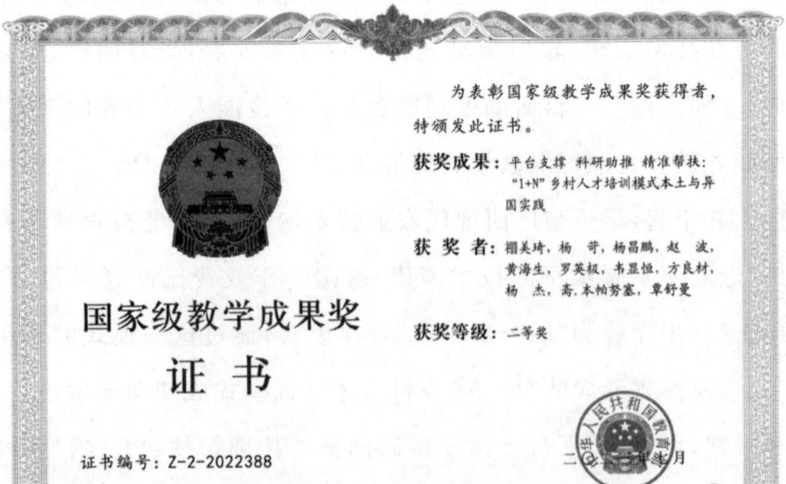

国家级教学成果奖
证 书

为表彰国家级教学成果奖获得者,特颁发此证书。

获奖成果:平台支撑 科研助推 精准帮扶:"1+N"乡村人才培训模式本土与异国实践

获 奖 者:禤美琦,杨 苛,杨昌鹏,赵 波,黄海生,罗英极,韦显恒,方良材,杨 杰,斋.本帕努塞,覃舒曼

获奖等级:二等奖

证书编号:Z-2-2022388

图 4-3　2022 年职业教育国家级教学成果奖二等奖证书

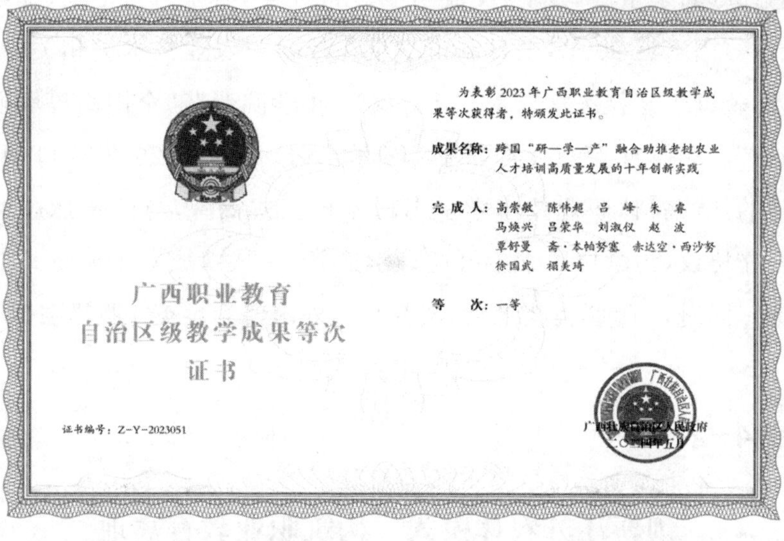

图 4-4　2023 年广西职业教育自治区级教学成果等次评定一等证书

这 3 个成果呈现清晰的“研—学—产”逻辑递进关系，老方的参与度日益加深，产教融合的趋势日益明显，解决的教学问题难度不断加大，采取的教学改革举措体系性更强，教学改革受益面逐渐扩大，尤其是以训促育的功用日益突出，为扩大留学生教育规模、老挝分校办学、建设中国—老挝现代农业工匠学院等奠定了良好基础，补齐了学校与老挝农业职业教育合作的短板，有效促进了中老两国在农业、减贫、教育等领域共同利益的生成。

二、江苏农林职业技术学院

江苏农林职业技术学院位于江苏省句容市，创建于 1923 年，现为中国特色高水平高职学校（A 档）建设单位、国家示范性高职院校，全国乡村振兴人才培养优质校，荣获全国深化创新创业教育改革示范高校、黄炎培优秀学校、全国毕业生就业典型经验 50 强高校、全国创新创业典型经验 50 强高校、全国高职院校服务贡献 50 强和全国高职院校国际影响力 50 强等荣誉[①]。学院坚持走国际化、特色化办学道路，主动融入和服务“一带一路”倡议，不断创新职业教育对外合作模式，在职业教育和文化国际交流中发挥积极作用。目前学院已与 10 多个国家和地区的 10 余所高校、教育机构建立了长期合作关系。现有中肯现代农业科技示范园、中法农业培训和乡村振兴服务中心、农业对外合作科技支撑与人才培训基地等合作项目和平台 3 个，每年派出近 50 名教师出国（境）访问

① 陆建华．周荣甲．七牵牛耳 举世“瞩牧”[N]．中国教育报，2017-12-20.

和研修,派出近60名学生出国(境)交流学习。2024年,有来自肯尼亚、加纳、尼日利亚、刚果(金)、老挝等国家近200名全日制留学生在校学习农业技术类相关专业。其中,老挝留学生1人,就读于宠物医疗技术专业。2016年学院荣获"全国高等职业院校国际影响力50强高校"。2018年荣获亚太职业院校影响力50强[①]。2018年11月,与老挝中老友谊学校共建的江苏农林职业技术学院老挝分校正式揭牌,与南京林业大学签订留学生教育培养合作协议,为学历留学生打通升学途径,并挂牌成立了南京林业大学外国留学生实习基地。同时,3门课程获批为"江苏高校外国留学生英文授课省级精品课程"。

案例4-2

创新江苏农林模式　构筑职业教育高地

——江苏农林职业技术学院办学特色与成果述要

坚持开放办学服务"一带一路"倡议,力争成为全国农业职业院校支撑中国农业"走出去"的排头兵。

争取政府部门支持,搭建国家层面农业合作交流平台。根据中法两国农业部门签署合作框架协议,依托学院建立中法农业培训中心并共建中法农业科技示范园,双方联合开展农业科技研究、法国高新农业技术推介和新型职业农民培养。作为农业农村部门确定的首批农业对外合作科技支撑与人才培训基地,学院面向"一带一路"沿线国家,展示和推广我国现代农业发展的先进理念、模式、经验和技术,开展农业"走出去"人才培养、职业农民培育、淡水渔业等生产技术培训。

配合企业"走出去",搭建农业科技服务平台。学院与中航国际集团、川山国际集团等大型中资企业合作,解决企业在非洲国家开展农业援助项目水稻、甜叶菊、果树繁殖、农业机械化等方面的技术难题。中江种业股份有限公司作为亚太种子协会成员,出口玉米、杂交水稻、西瓜等作物种子至孟加拉国、非洲国家和巴基斯坦等地,累计出口种子300多吨。

联合境外院校,共建分校和科技示范园。学院与老挝中老友谊学校共建学院老挝分校,为当地培养急需人才。与肯尼亚埃格顿大学合作共建了中肯

① 巫建华. 乡村振兴背景下农林高职院校人才培养的探索与思考——以江苏农林职业技术学院为例 [J]. 中国农业教育,2022,23 (1):1-9.

现代农业科技示范园，建立甜叶菊高产优质栽培技术体系，委派专业教师担任技术专家，对肯尼亚种植户进行技术指导，推动肯尼亚的甜叶菊发展。先后为肯尼亚和埃塞俄比亚、卢旺达、苏丹、乌干达等东非国家举办农业技术培训班15期，培训农业技术人员500余人次。

（来源《中国教育报》2020年1月19日第4版）

2018年，学院老挝分校在老挝乌多姆赛省中老友谊学校挂牌成立，正式开班招收学生54名，根据老挝当地人才需要，开展职业技能培训、汉语培训、学历教育以及文化交流，培养技能型、复合型国际高级专门人才，为老挝社会发展提供优质的人力资源支持。同年5月底，学院与普洱市职业教育中心联合举办了老挝茶叶种植与加工职业技能培训班，乌多姆赛省农业官员和技术员参加了培训①。

学院与老挝乌多姆赛省中老友谊学校不断深化合作，深入推进学院分校建设，制定完善了《学院老挝分校工作人员选派办法及相关待遇标准》。2023年，双方在师资交流培训、留学生培养、共建老挝分校和中老现代农业科技示范园等方面开展全方位的合作与交流，根据老挝当地实际需求，开展职业技能培训与语言培训，为老挝培养当地急需的技术技能型人才；开发并向当地输出了导游基础知识、茶叶加工技术、园林工程施工、农机电器设备与维护等课程资源33门。老挝分校农业机械、机电一体化专业每年招收学生近60人。

三、江苏农牧科技职业学院

江苏农牧科技职业学院位于江苏省泰州市，始建于1958年9月，隶属于江苏省农业农村厅。学院是以培养农牧科技类技术技能型人才为主的高等院校。2001年6月，独立升格为“江苏畜牧兽医职业技术学院”；2013年3月，更名为“江苏农牧科技职业学院”。同年，以“优秀”等级通过“国家示范性高等职业院校建设计划”建设项目验收；2018年，入选江苏省高水平高等职业院校建设单位，成为江苏省8所卓越高职院校之一。2019年，入选中国特色高水平高职学校建设单位②。学院坚持开放办学，学校主动融入“一带一路”建设，牵头成立国际农牧业高等职业教育联盟，与58所海外机构开展合作；

① 本刊编辑部.助力乡村振兴，打造农业职业教育领军学校——专访江苏农林职业技术学院院长简祖平[J].职教通讯，2021(4)：1-6.

② 朱善元，秦涛.实施“12345”战略，解析高职教育高质量发展的“农牧密码”——专访江苏农牧科技职业学院院长朱善元[J].职教通讯，2022(1)：5-11.

做强"留学苏牧"品牌,建有省"十四五"国际化人才培养品牌专业2个,省级全英文授课精品课程8门,引进专业原版外文教材17部;累计培养了48个国家的来华留学生1 200余人。其中,学院自2012年开始招收老挝留学生,2023—2024学年有28个老挝学生在校学习一年汉语预科。打造"丝路农坊"境外办学品牌,在安哥拉、坦桑尼亚通过"助企出海"服务"走出去"企业,在印度尼西亚、老挝通过校企合作培养国际化人才,获世界职教院校联盟(WFCP)卓越奖。学院先后获评省"留学江苏培育学校"、江苏省"来华留学生教育先进集体"、全国首家通过来华留学教育质量认证的高职院校、"全国高职院校国际影响力50强"。

案例4-3

农牧重彩结硕果　职教耕耘续华章

——江苏农牧科技职业学院"双高"建设成效

做实做强国际化办学品牌,努力打造一所高水平国际化学校。

做实"留学苏牧"质量品牌。作为国内首家通过来华留学质量认证的高职院校,针对"走出去"企业需求开展"中文+职业技能"教育,带动来华留学质量整体提升。

做强"丝路农坊"境外办学品牌。在印度尼西亚、安哥拉、坦桑尼亚、老挝建成4个"丝路农坊"办学点,建成45门课程资源,其中省级8门,开发并向海外成功推广10个专业标准、35个课程标准、1个技能竞赛标准和36个教学培训资源包,推动"职教中国"走出去。

做大"助企出海"培训品牌。依托部级、省级国际合作交流项目,面向安哥拉等4国开展"助企出海"培训,为27家"走出去"企业培训1 200余人次,推广43项农业技术,助力企业开拓国际市场。学院2次荣获省来华留学生教育先进集体,入选"鲁班工坊"联盟,成为首家获世界职教院校联盟卓越奖的中国农业院校。

(来源《人民代表报》2024年3月6日第5版)

2021年12月,中国—老挝职业教育发展共同体成立,学院加入该共同体。2022年5月,学院与老挝东坎商农业技术学院签署了合作共建"丝路农坊"协议。根据协议,学院和老挝东坎商农业技术学院将开展专业师资培训、教学资源和标准共建等项目合作。同时，老挝学生来学院学习，学院在老挝建设示范养猪场。随后，学院线上举办老挝“丝路农坊”教师培训项目，老挝东坎商农业技术学院 Chittakone Sisanonh 校长、Tiengkhan Syavong 副校长等 19 名师生参加培训。2023 年 9 月，老挝东坎商农业技术学院签署“1＋2”人才培养合作文件并启动共建试验养殖场项目。同时，江苏农牧科技职业学院、贵州农业职业学院、老挝东坎商农业技术学院、广西农业职业技术大学、云南农业职业技术学院、贵州轻工职业技术学院等 6 所院校组成的“中国—老挝职业教育发展共同体中老职业教育研究课题”“乡村振兴背景下中老农业高职院校合作路径研究”团队发布了研究成果——《中国农业高职院校服务乡村振兴典型案例集(英文版)》。

四、铜仁职业技术学院

铜仁职业技术学院位于贵州省铜仁市，是 2002 年 6 月经贵州省人民政府批准成立的一所公办全日制普通高等职业学院，是国家民族事务委员会与贵州省人民政府“委省共建”高校，是国家骨干高职院校、国家优质高职院校、国家“双高计划”立项建设单位、全国乡村振兴人才培养优质校、高等职业院校“国际影响力”50 强①。学院设有农学院，开设有畜牧兽医、动物医学、茶叶生产与加工技术、生态农业技术等 7 个农类专业。2019 年国家民族事务委员会批准在该校设立第二批“一带一路”国别和区域研究中心——东盟职业教育研究中心(Research Center for ASEAN Vocational Education Studies)。

2011 年，学院招收 19 名老挝留学生，开启留学生教育序幕，现有老挝留学生 35 人，均为语言进修生。经过不断探索和总结，学院创建了“三能递进四轮驱动五位一体”的国际学生培养模式，成功走出了一条西部地区高职院校国际化教育教学改革的新路径，获 2022 年职业教育国家级教学成果奖二等奖。

案例4-4

“三能递进　四轮驱动　五位一体”的国际学生人才培养模式创新与实践

该成果的主要内容是“三能递进、四轮驱动、五位一体”的国际学生人才培养模式创新。“三能递进”就是将国际学生能力划分为“汉语应用能力、专业技

① 张命华，项光亚. 铜仁职业技术学院　打造技术技能人才培养高地[J]. 当代贵州，2022(Z3)：154-155.

术能力和职业综合能力",通过汉语应用能力培养"奠基础",专业技术能力培养"提技能",职业综合能力培养"强素质",构建国际学生能力提升的分层递进培养路径;"四轮驱动"就是实施"教师团队引领、教研平台创新、课程体系应用、特色活动激励",构建"团队+平台+课程+活动"的国际学生互动培养机制;"五位一体"就是将"中国文化、法治文化、心理健康、职业文化、道德修养"融入国际学生培养全过程,构建国际学生知华友华的文化育人体系①。三者有机融合,相互作用,相互支撑,形成独具特色的"三能递进、四轮驱动、五位一体"国际学生人才培养模式。有效推动打造了"强科研、强教学、强服务"的"三强型"对外汉语教学团队,搭建了"研、训、服"的育人平台,建成了"中文+职业技能"的特色课程资源,创新了"分层分段情境模拟,实践体验"的汉语教学模式等,国际学生人才培养质量显著提升,实现了国际学生培养理念、路径和机制方面的重大创新。

经过探索与实践,该成果应用推广成效显著。一是人才培养质量高。为"一带一路"沿线国家培养高素质技术技能人才 1 000 余人,国际学生荣获国家级比赛奖项 21 项,毕业生就业率达 96%,近 30 人进入四川大学等国内知名高校学习,涌现了骥马、韩龙、李尔文等优秀毕业生典型。二是推广应用广泛。出版《东盟来华留学生教育研究》专著 1 部、教材 4 部,输出课程教学标准 6 个,建成省级对外汉语优秀教学团队;荣获铜仁市级特别贡献奖;获批国家民族事务委员会"一带一路"国别和区域研究中心东盟职业教育研究中心,助力学校连续 3 年荣获"全国高职高专国际影响力 50 强";老挝《万象时报》《老挝教育体育报》以及中国教育电视台、人民网等国内外多家媒体进行了广泛宣传报道,成功探索了一条高职院校国际学生培养的新路子,为高职院校国际学生培养提供了可借鉴、可复制、可推广的"贵州样板"。

(来源铜仁职业技术学院官网)

此外,除了留学生教育,学院还与老方开展其他形式的合作。一是 2019 年与老挝巴巴萨技术学院合作共建"老挝分校",以中老联合培养技能人才为抓手,着力打造老挝技术技能人才培养高地。2019—2023 年,共为老挝培养"中文+职业技能"型人才 171 人;

① 张家俊,张雯,胡美忠,等. 创新实践并重 产教研用一体——铜仁职院教科研深度融合催生成果频出[J]. 当代贵州,2023(47):68-69.

二是聚焦老挝行业产业发展，与在老中资企业老挝同济医院、老挝巴巴萨技术学院合作共建海外职业技能培训中心，共为老挝各类人员开展“中文＋职业技能”培训 1 158 人次，其中铜仁职业技术学院和老挝巴巴萨技术学院共同主办“中文＋现代农牧业”多期线上培训，来自老挝全国各职业院校和各省农民共计数百人线上参加牛结节性皮肤病的防控、肉牛饲养与管理、蔬菜工厂化育苗技术、精品果树生态种植技术等农业技术培训。

学院形成的“打造老挝技术技能人才培养高地的创新与实践”案例入选教育部职教司世界职业技术教育发展大会“职业教育改革发展和国际交流合作”典型案例，并在中国教育电视台进行报道；形成的“创新中老职教合作品牌：铜仁职业技术学院打造老挝技术技能人才培养高地的创新与实践”案例入选中华职业教育社“一带一路”优秀案例。2023 年 12 月，学院当选“中国—老挝职业教育产教联盟”副理事长单位。

五、成都农业科技职业学院

成都农业科技职业学院是 2002 年经四川省人民政府批准建立，成都市人民政府主办的第一所高职学院。学院发轫于 1937 年由国立四川大学农学院代办的省立成都高级农科职业学校，前身为 1958 年组建的国家重点中专——四川省温江农业学校。2006 年，学校在全国高职高专人才培养工作水平评估中获得“优秀”，并入选四川省首批省级示范性高等职业院校；2019 年，学校被确定为全国优质专科高等职业院校，并入选“中国特色高水平高职学校和专业建设计划”建设单位；2020 年，学院成为四川省本科层次职业教育人才培养改革试点学校；2021 年，学院入选全国乡村振兴人才培养优质校。学院牵头成立“休闲农业国际丝路联盟”，以天府文化融汇，促中外民心相通，组织开展多期“走近天府·共话农耕”系列中外人文交流活动，对外推广编艺、花艺、茶艺等非遗蓉派技艺。学院重视与南亚、东盟农业领域合作，开展老挝、缅甸、尼泊尔等国农业官员、农技人员、基层教师培训 500 余人，开发成都农技培训标准，努力实现“中国标准，澜湄适用”。学院自 2018 年招收老挝留学生，累计招收老挝留学生 98 人，2024 年在读 73 人，就读于现代农业技术、畜牧兽医、旅游管理、建筑装饰、信息技术、市场营销等专业。学院与老挝北部农林学院共建老挝琅勃拉邦海外产业学院。与新希望六和、通威股份等“走出去”中资企业联合培养本土化人才 40 余名，在老挝进行四川水稻新品种试种和工厂化育秧及高产栽培技术推广。项目获评“中国—东盟双百职校强强合作旗舰计划特色合作项目”。

案例4-5

扩大海外职教影响力　成都农业科技职业学院海外产业学院揭牌启动

2020年10月14日，来自澜沧江、湄公河流域的老挝、印度尼西亚、越南、缅甸等国首批26名留学生将在成都农业科技职业学院开启新的学习生涯。为响应国家"澜湄交流与合作"，深度融入"一带一路"建设，成都农业科技职业学院海外产业学院正式揭牌启动，首期试点的"中国—老挝琅勃拉邦国际现代农业产业学院"及"新希望2020级留学生校企联合培养班"举行了开学典礼。

中国—老挝琅勃拉邦国际现代农业产业学院将按照"三中心一平台"为总体路径规划，与老挝北部农林学院、四川金安特农业股份有限公司合作，共建天府农耕文化交流中心，以成都独具风格的"都市休闲文化"和"天府农耕文化"为依托，结合老挝农业、观光旅游和琅勃拉邦古城文化特色，共同建设天府农耕文化交流中心，推动旅游对农业文化的活化传承，交流天府传统文化、休闲农业文化，助推当地产业发展；共建"神农课堂"专业优化中心，结合老挝现代农业产业现状以及人才培养需求，以畜牧兽医（含水产）、动物营养、休闲农业、旅游管理、农业经济管理等符合现代农业融合性发展的相关课程为内容共建"神农课堂"专业优化中心，共同推动老挝现代农业产业发展和企业人力资源聚集；共建国际人才本土化培育中心，以老挝中资企业人才需求为依托，采用"2＋1""2.5＋0.5"等合作办学形式，实现学生从老挝北部农林学院到成都农业科技职业学院再到老挝中资企业实习就业的"一体式"联合培养；共建国际现代农业技术技能研发应用平台，吸纳两国专家智库团队技术力量，共同开展种苗繁育、野生生物资源开发研究、农业新技术应用推广、标准化高效农业生产技术、农产品创意开发经营和管理等项目，共同打造国际现代农业技术技能研发应用平台。据悉，首批11名留学生已从老挝来到成都，接受专业的农业职业教育。

同时开班的新希望2020级留学生校企联合培养班首批学员为16人，专业为畜牧兽医国际人才，将采用"2.5＋0.5"培养模式（即在成都接受2.5年的专业知识教育，在老挝的新希望养殖基地接受0.5年的实训），实现校企间国内外"双元"育人模式，培养能掌握先进生产技术，认同中资企业文化，具有国际化视野的应用型人才，积极助力走出去川企海外员工本土化。

（来源成都日报“锦观”新闻客户端 2020 年 10 月 15 日）

学院按照立足实际、稳步推进、提升内涵、发展特色的发展思路与老挝北部农林学院、老挝万象水利学院等高校精准对接合作现实需求，为其输出专业标准和课程标准等，选拔出休闲农业经营与管理专业、农产品加工与质量检测专业、旅游管理专业、园林工程技术专业 11 名学生到北部农林学院学习交流，派出老师到北部农林学院开展水产养殖技能师资培训，同时开展线上培训。截至 2024 年，在老挝琅勃拉邦推广水稻品种 4 个，辣椒品种 2 个，助力老挝农作物新品种的提档升级。2024 年 4 月，产业学院共建的辣椒试验站在老挝万象建成。该试验站第一期种植 2 个朝天椒品种，种植面积 23.7 亩，预计 2023 年 6—10 月收获。

第三节　机构遴选和保障条件

跨国农业职业教育合作涉及国家主权，必须由官方确定准入条件，并给予政策、资金等各种保障条件。中国教育部、农业农村部注重顶层设计，把握对外合作的基本要求，广西壮族自治区教育厅等地方政府部门出台各种对外合作项目，据此遴选广西农业职业技术大学作为对外合作典型，对其与老挝的合作持续给予项目、资金支持。老挝倾向于通过成立中老合作机构遴选中方合作学校，通过职教联盟、职教共同体等多种途径把控中国—老挝农业职业教育合作进程，给予政策和制度保障。

一、中国对合作机构的遴选标准和保障条件

（一）教育部和农业农村部的主要举措

1. 国际交流合作纳入质量年报

自 2013 年起，教育部职业教育与成人教育司都将国际交流合作列入各个高职院校每年度质量年报必填内容中。到 2023 年，教育部年报框架要求国际交流合作部分包括填报留学生培养质量、合作办学质量、开发标准质量、国（境）外独立办学质量、助力“一带一路”建设质量、提升学生国际化素养质量等内容。国际影响表包括填报留学生招生、被国外采用的职业教育资源、国外办学、国外培训、担任国外职务、国外技能比赛等内容。各院校的质量年报将作为教育行政部门评价学校办学质量的重要标准，面向社会公开，

同时作为评选"高等职业院校国际影响力50强"的重要标准,也是社会公众评价学校国际交流实力与水平、选择合作伙伴的重要依据。

2. 推进共建"一带一路"教育行动

教育部在2016年《推进共建"一带一路"教育行动》文件中,规定了对外合作机构的范围和主要功用,包括发挥学校、企业及其他社会力量的主体作用,活跃教育合作局面,丰富教育交流内涵[①];鼓励有合作基础、相同研究课题和发展目标的学校缔结合作关系;鼓励中国优质职业教育配合高铁、电信运营等行业企业走出去;探索开展多种形式的境外合作办学,合作设立职业院校、培训中心等。此外,教育部还出台中外合作办学、招收留学生、境外办学指南等管理文件,设置了准入门槛,如对合作办学规定"中外合作办学项目的办学层次和类别,应当与中国教育机构和外国教育机构的办学层次和类别相符合,并一般应当在中国教育机构中已有或者相近专业和课程举办",对境外办学要求国内院校具有法人资格、境外办学能力和学科专业基础,同时对境外合作者提出要综合分析其办学资质、发展战略、办学目标、办学水平,把合作意愿、办学条件、管理能力、财务状况等作为选择合作伙伴的重要参考指标,选择与自身发展水平和办学目标相匹配的境外合作者。

3. 共同推进"一带一路"建设农业合作的愿景与行动

2017年,农业部在《共同推进"一带一路"建设农业合作的愿景与行动》中,规定了对外农业合作机构的主体、地域范围和主要功用,包括充分发挥各类企业的主体作用和市场在资源配置中的决定性作用;加强以农民为主体的能力建设和民间交流,共同开展"一带一路"沿线国家农民职业教育培训;中国南部省区立足热带农业,与南亚、东南亚国家开展粮食、热带经济作物等种植合作等。

4. 举办"中国—东盟农业发展和粮食安全合作年"

2023年,中国和东盟国家领导人基于农业发展和粮食安全是和平稳定、发展繁荣的基础,也是中国—东盟合作的重点领域这一重要共识,将此年确定为"中国—东盟农业发展和粮食安全合作年",以促进该领域合作,致力于采取积极行动,提升各国和本地区农业生产和农产品供应能力,保障本地区20多亿人口粮食安全,稳定区域粮食市场,为全球粮食安全治理树立典范。为此,农业农村部、教育部等部门将举办一系列活动,遴选具有明确合作意向且有一定合作基础的中外涉农职业院校参与。同年6月,以"深化区

---

① 杨玥. 多元主体协同推进职业教育国际化的生成逻辑、内在机理及实施策略[J]. 教育与职业,2021(6):35-38.

域合作，促进减贫与乡村发展”为主题的第十七届中国—东盟社会发展与减贫论坛在中国广西北海举行，东盟国家减贫和乡村振兴部门以及东盟秘书处高级别代表，中共中央部委和重点省份政府官员、专家学者和企业代表等共200余人参会，广西农业职业技术大学作了主题为“发挥农业职教优势，全面赋能乡村振兴”的发言，介绍了在老挝开展农业技术推广、农民培训与减贫的经验。同年8月，由江苏农牧科技职业学院、贵州农业职业学院共同主办，广西农业职业技术大学、成都农业科技职业学院、老挝琅南塔综合职业技术学院、老挝东坎商农业技术学院、老挝沙湾拿吉省农林学院等涉农职业院校参与的中国—东盟农牧业产教融合发展研讨会暨国际农牧业高等职业教育联盟研讨会在贵州贵安新区举行。作为2023中国—东盟教育交流周系列活动之一，该次研讨会以“深化产教融合，促进国际农牧业高质量发展”为主题。

5. 开展具有较高国际化水平的职业学校建设工作

2023年9月，教育部启动具有较高国际化水平的职业学校建设工作，目标是创新职业教育国际交流与合作机制，坚持“教随产出、校企同行”[①]“走出去”和“引进来”双线发展并有所侧重，持续打造中国职业教育国际化品牌，引领职业教育国际交流与合作高质量、规范化、可持续发展，提升中国职业教育的国际影响力，服务国家外交大局。2023年，面向中职学校、高职专科学校和本科层次职业学校，启动建设100所左右具有较高国际化水平的职业学校。遴选标准为：一是有实质运行中的中外合作办学机构或项目，具有较强的合作办学与交流工作基础。二是国际化发展立足学校骨干（特色）专业，教随产出、校企同行，参与教育部职业教育“走出去”试点项目，开展各级各类境外办学项目；参与建设海外应用技术学院、海外应用技术大学；在服务国际产能合作、“一带一路”倡议等方面具有一定特色，取得良好成效。三是学生出国留学（交流）和来华留学有一定规模，教师国（境）外访学交流工作有一定基础。四是主动参与双多边职业教育国际交流合作，依托境外办学项目和机构，在开发国际化职业教育标准、教学资源和教学装备方面有良好的工作基础，具有一定的影响力。五是建立健全的国际化工作机制，有相对稳定、工作能力较强的国际化服务团队和专业教师队伍。

6. 开展“中国—东盟千校携手计划”项目

2024年1月，教育部启动申报首批“中国—东盟千校携手计划”项目学校，鼓励和支持全国各级各类学校加入计划，拓展与东盟有关教育机构的合作，深化中国—东盟教育合作，推进教育互联互通、互学互鉴，服务中国—东盟全面战略伙伴关系发展。一所学校

① 叶春珍. 新时代高职院校国际化人才培养的问题与对策 [J]. 教育观察，2024，13 (4)：75-77，91.

最多可申请携手3所东盟学校，由各省级教育行政部门向教育部推荐。该项目优先考虑与东盟国家有实质性合作项目的学校：一是有基础，即拥有良好的国际交流经验，近年来与东盟国家学校开展了不同形式的双边交流和项目合作。二是有机制，即与东盟国家学校已建立姊妹学校、友好学校等多形式交流合作机制，并建立内部工作保障机制。三是有项目，即与东盟国家学校在师生交流、人才培养、课程标准共建、科研创新、技术转化等方面已签署校际合作协议。四是有效果，即与东盟国家学校合作开展人才培养、语言合作、青少年互访、产教融合等项目活动，已产生实质性成果，受到普遍关注和中外好评。入选项目院校校长和师生代表将优先受邀参加"中国—东盟教育交流周""中国—东盟教育人文交流成果展览""中国—东盟千校携手优秀短视频展播"等活动。

总体上，教育部和农业农村部强调了农业和相应的农业职业教育在落实"一带一路"倡议和构建人类命运共同体中的重要作用，为中国涉农职业院校对外合作构建了顶层框架，明确农业职业教育对外合作的主体应包括学校、企业、研究院所等，确定了这些合作主体的遴选标准，强调必须采取产教融合等合作路径，切实推进留学生教育、人员培训、研究中心建设等多种合作形式，其中农业农村部特别说明了广西所属南部省区应立足于与东南亚、南亚国家开展热带农业合作，为广西农业职业技术大学与老挝等澜湄区域国家开展合作奠定了政策基础，明确了发展方向。

（二）广西壮族自治区政府部门的主要举措

1.举办中国—东盟职业教育联展暨论坛

2012年9月，以"发展职业教育，繁荣区域经济"为主题的首届中国—东盟职业教育联展暨论坛在广西南宁举办，旨在深化职业教育改革，建立现代职业教育体系，推动中国经济建设与中国—东盟区域合作，当时吸引了中国及东盟国家140多所学校318名职业教育管理人员和专家参与交流，填补了中国—东盟博览会没有教育论坛的空白，为中国（广西）与东盟国家职业院校交流合作奠定了平台基础。2023年是习近平主席提出建设更为紧密的中国—东盟命运共同体、共建"一带一路"倡议10周年，也是中国—东盟博览会、中国—东盟商务与投资峰会创办20周年，本届联展暨论坛规格更高、规模更大、内容更丰富，由教育部指导，自治区政府主办、自治区教育厅承办。联展暨论坛的主题为"共建产教集聚融合平台　共享职业教育发展成果"，组成形式为"1+1+7+5"，即：召开中国—东盟职业教育合作发展大会，聚焦1场职业教育技术技能展，举办7场特色行业平行论坛，组织5项中国—东盟职业院校学生技能大赛。2012年至2024年，中国—东盟职业教育联展暨论坛已成功举办了7届，从下一届开始，联展暨论坛将进一步升格，在原有基础上，拓展职业教育技术成果转化、职业教育技术交易平台等功能[①]。

2. 设立中国—东盟职业教育研究中心及国别研究所

2015年12月，由广西壮族自治区教育厅授牌的“中国—东盟职业教育研究中心”“广西职业教育发展研究中心”落户南宁师范大学，行政上归口南宁师范大学，业务上接受广西壮族自治区教育厅指导。“双中心”主要承担职业教育咨询、职业教育发展、职业教育改革与实践、成果推广、教师培训、职业教育国际交流与合作等任务[②]。“中国—东盟职业教育研究中心”根据广西职业院校与东盟国家开展合作的前期基础，遴选广西农业职业技术大学等10所职业院校成立老挝职业教育研究所等10个研究机构（表4-2），负责东盟国家职业教育改革与发展政策、办学等方面的专题研究，组织开展中国—东盟职业教育项目、活动及论坛，协助“中国—东盟职业教育研究中心”推动中国—东盟职业教育合作与交流，接受中心其他职业教育有关工作。中心给予各研究所课题立项、研究经费支持。

表4-2　中国—东盟职业教育研究中心成立研究机构名单(排序不分先后)

序号	研究机构名称	挂靠单位	负责人
1	文莱职业教育研究所	广西医科大学护理学院	刘桂瑛
2	柬埔寨职业教育研究所	北海职业学院	蓝　伟
3	印度尼西亚职业教育研究所	柳州城市职业学院	刘洪波
4	老挝职业教育研究所	广西农业职业技术大学	高崇敏
5	马来西亚职业教育研究所	广西职业技术学院	程云燕
6	缅甸职业教育研究所	广西经贸职业技术学院	林　震
7	菲律宾职业教育研究所	广西建设职业技术学院	吴　昆
8	新加坡职业教育研究所	广西国际商务职业技术学院	刘杰英
9	泰国职业教育研究所	柳州铁道职业技术学院	杨龙平
10	越南职业教育研究所	广西交通职业技术学院	李文勇

3. 职业教育区域发展

2018年，广西壮族自治区教育厅遴选广西现代职业教育发展示范项目区域合作试点学校，广西农业职业技术学院等6所高职学校和1所中职学校入选。通过实施试点工作，推进广西和东盟国家的院校、企业之间的长期合作，增强广西和东盟国家的交流和区域合作，扩大与东盟国家职业院校或企业的区域合作规模，打造广西与东盟国家区域

① 本刊讯. 一湾相挽十一国　职教同行向未来——2023中国—东盟职业教育联展暨论坛在南宁举行[J]. 广西教育，2023(26)：2.

② 王忠昌. 中国—东盟高职教育输出的优势与策略研究[J]. 成人教育，2016，36(3)：69-73.

合作的品牌,创造跨境贸易和投资以及技术转让的新机会,提升广西职业教育的国际影响力。在2018—2020年试点工作实施周期内,教育厅每年支持每个学校100万元,要求学校面向东盟国家扩大留学生招生、师资交流、人员培训规模,探索建立海外分校、实习实训基地、培训中心,合作建设国际化专业并开发相应专业教学标准等。

4.规范境外办学

2018年,广西壮族自治区教育厅专门发文规范区内高等学校境外办学实施高等专科学历教育或者非学历高等教育的要求,包括应当优先举办具有广西高等教育比较优势或者特色学科,并充分考虑所在国家(地区)的需求及发展特点①。区内高校举办独立设置的教育机构须提供以下材料:学校报备文件、教学计划、举办地国家(地区)政府批准办学的合法性文件、机构章程等,与境外具有法人资格、为所在国家(地区)政府认可的教育机构或其他社会组织合作举办教育机构,应提供学校报备文件、教学计划、举办地国家(地区)政府批准合作办学的合法性文件、外方合作者的办学合法性文件或办学资格证明材料、学校与外方合作者签署的具有法律效力的合作协议。

2019年,《广西职业教育改革实施方案》提出,充分发挥区位优势和地方特色,鼓励有条件的职业院校赴境外办学、协同企业"走出去",共建一批人才培养、科技创新与合作、人文交流基地。

5.组织广西与东盟职业院校对接交流

2021年9月,广西壮族自治区教育厅与东南亚教育部长组织技术教育发展区域中心(SEAMEO TED)签署合作协议,SEAMEO TED通过东南亚职业技术高中联盟筛选9所印度尼西亚学校、8所菲律宾学校、5所柬埔寨学校、5所马来西亚学校、2所老挝学校、1所缅甸学校、1所新加坡学校等31所东盟国家职业院校,广西壮族自治区教育厅遴选21所高职院校和19所中职学校,2022年10月,双方官方组织学校线上合作洽谈对接会,参与学校在机械、电子与制造、路桥与土木工程、农业、渔业、动物科学、计算机科学、IT、信息学、酒店旅游、电子商务等重点领域沟通相关学历教育和培训合作事宜。SEAMEO TED于2020年发起成立东南亚职业技术高中联盟,联盟的目标是为SEAMEO各成员国及相关国家的职业高中层面的学校领导、专家、研究人员、学者和其他职业技术教育领域的利益相关者们提供一个高质量的合作交流平台。通过联盟,所有成员都可以提供意见、反馈和建议,以实现互利共享。联盟现已成为东南亚职业技术高中跨国合作、提供支持和反馈的主要平台之一,以便SEAMEO TED做出最有利于职

① 范晶晶.高等教育国际化发展战略的法律保障研究[J].内蒙古社会科学(汉文版),2009,30(6):137-140.

业技术教育发展和合作的相关决策。截至 2020 年 12 月底，联盟已有来自东南亚教育部长组织成员国 11 国的 76 所的职业技术高中加入，其中大部分是由东盟各国教育部提名加入，联盟覆盖了 6 792 名教师和 116 747 名学生。

6. 部区共建面向东盟的职业教育开放合作创新高地

2022 年 7 月 11 日，教育部、广西壮族自治区举行部区战略合作第一次会商会议，签署《教育部　广西壮族自治区人民政府共同推进广西教育高质量发展战略合作协议》。2023 年 4 月 19 日教育部、广西壮族自治区人民政府印发《推动产教集聚融合打造面向东盟的职业教育开放合作创新高地实施方案》。2023 年 11 月 5 日上午，教育部与广西壮族自治区人民政府在南宁签署部区共同推进广西教育高质量发展合作补充协议，进一步深化部区合作，立足广西独特区位优势，持续深化面向东盟的教育开放合作，着力打造面向东盟的产教集聚示范区和职业教育开放合作创新高地。为此，省区商定具体保障措施包括：一是建立部区协调机制，成立领导小组、工作专班，教育部统筹部内各司局及有关省（区、市）教育部门，合力支持广西职业教育改革发展。二是建立中国—东盟教育部长协同机制，部区联合与东盟各国教育部长组织常态化定期磋商协调机制，在广西设置秘书处，定期召开中国与东盟各国教育部长联席会议，共建职业教育标准。三是创新广西职业教育管理体制，成立广西职业教育创新发展领导小组，把推进职业教育创新发展作为各级政府部门履行教育职责评价的重要内容。四是提高职业教育经费保障水平，教育部等国家有关部门积极支持高地建设，广西各级政府新增教育经费重点支持高地、产教集聚融合平台建设，并积极吸纳社会资本多元参与[①]。

（1）中国—东盟技术创新学院

2024 年 2 月，根据上述方案，广西壮族自治区教育厅围绕中国—东盟自由贸易区 3.0 版建设需要，聚焦重点产业生产线技术创新和工艺创新需求，依托现有教学资源，联合东盟国家高校、行业企业，在广西区内建设 10 所中国—东盟技术创新学院（表 4-3），探索专、本、研衔接培养，中外学位联授的国际化拔尖技术人才培养体系。[②] 面向中国学生和企业员工，开展“英文/东盟语种＋技术创新”培养培训；面向东盟国家留学生及各类专业技术人员，开展“中文＋技术创新”培养培训。广西农业职业技术大学牵头获得中国—东

---

① 教育部，广西壮族自治区人民政府. 关于印发推动产教集聚融合打造面向东盟的职业教育开放合作创新高地实施方案的通知（桂政办发〔2023〕13 号）[EB/OL].（2023-04-19）[2024-03-19]. http://www.gxzf.gov.cn/html/zfwj/zxwj/t16845354.shtml.

② 广西壮族自治区人民政府. 关于印发《广西壮族自治区市域产教联合体建设指导意见》等 4 个指导意见的通知（桂政办发〔2023〕70 号）[EB/OL].（2023-10-06）[2024-03-19]. http://www.gxzf.gov.cn/zt/jd/wsjk_192107/zcwj_192120/t17281852.shtml.

盟现代畜牧技术创新学院立项。

表 4-3　中国—东盟技术创新学院

序号	学院名称	牵头高校	参与学校院所	首批合作企业	主要服务产业
1	中国—东盟智能制造技术创新学院	广西大学	北部湾大学、南宁学院、广西机电职业技术学院、广西交通职业技术学院、南宁职业技术学院、泰国朱拉隆功大学、泰国川登喜大学	广西柳工机械股份有限公司、广西玉柴机器股份有限公司、广西林业集团有限公司、广西机械工业研究院有限责任公司、南宁中车铝材精密加工有限公司	先进制造业、轻工化工
2	中国—东盟天然药物技术创新学院	广西师范大学	广西卫生职业技术学院、广西壮族自治区中医药研究院、泰国宋卡王子大学	广西一方天江制药有限公司、桂林三金药业股份有限公司、桂林莱茵生物科技股份有限公司、广西仙草堂制药有限责任公司	食品药品
3	中国—东盟电子信息技术创新学院	桂林电子科技大学	广西机电职业技术学院、中国电子科技集团公司第三十四研究所、越南河内工业大学、新加坡南洋理工大学	数字广西集团有限公司、华为技术有限公司、桂林光隆科技集团股份有限公司、广西艾学教育科技有限公司、桂林市华谊智测科技有限责任公司、桂林市啄木鸟医疗器械有限公司、桂林市晶瑞传感器技术有限公司、桂林领益制造有限公司	电子信息
4	中国—东盟低碳建材与智能建造技术创新学院	桂林理工大学	广西壮族自治区建筑科学研究设计院、马来亚大学	桂林鸿程矿山设备制造有限责任公司	先进制造业
5	中国—东盟中医药技术创新学院	广西中医药大学	广西中医学校、广西中医药大学第一附属医院、马来西亚拉曼理工大学	广西中医药大学百年乐制药有限公司、广西仙茱中药科技有限公司	医疗卫生
6	中国—东盟新能源汽车技术创新学院	广西科技大学	上海交通大学、湖南大学、柳州职业技术学院、柳州铁道职业技术学院、广西机械工程学会、越南河内工业大学、印度尼西亚雅加达州立理工学院	东风柳州汽车有限公司、广西汽车集团有限公司	汽车(含工业设计)
7	中国—东盟智慧港口综合枢纽技术创新学院	北部湾大学	广西交通职业技术学院、北部湾职业技术学校、南宁市武汉理工大学先进技术产业研究院、中国船舶集团有限公司第十一研究所、泰国佛统皇家大学、越南芽庄大学	广西北部湾国际港务集团有限公司、平陆运河集团有限公司、中国船舶集团广西造船有限公司、广西玉柴机器股份有限公司、广西文船重工有限公司、中船舰客教育科技(北京)有限公司	交通运输

续表 4-3

序号	学院名称	牵头高校	参与学校院所	首批合作企业	主要服务产业
8	中国—东盟数智商务技术创新学院	广西财经学院	广西金融职业技术学院、广西城市职业大学、马来西亚国立大学、泰国兰实大学、印度尼西亚万隆理工学院、泰国暹罗大学、泰国正大管理学院	广西投资集团、数字广西集团有限公司、航天信息股份有限公司	商务服务
9	中国—东盟文化旅游技术创新学院	桂林旅游学院	南宁师范大学、广西国际商务职业技术学院、广西经贸职业技术学院、印度尼西亚特里莎克蒂旅游学院	广西旅游发展集团有限公司、七星海城市集团、浪潮集团有限公司、正大食品企业（上海）有限公司南宁分公司	文化旅游
10	中国—东盟现代畜牧技术创新学院	广西农业职业技术大学	广西大学、广西职业技术学院、广西农业工程职业技术学院、广西壮族自治区水牛研究所、广西壮族自治区兽医研究所、泰国农业大学、老挝国立大学、老挝东坎商农业技术学院	广西扬翔股份有限公司、桂林力源粮油食品集团有限公司、广西园丰牧业集团股份有限公司	现代农业

（2）中国—东盟现代工匠学院

同时，服务中国企业“走出去”需求，支持广西高校联合东盟国家高校、行业企业，在东盟国家合作共建 17 个中国—东盟现代工匠学院（表 4-4），同时考虑将其中条件较为成熟的推荐认定为鲁班工坊，开展学历教育和职业培训合作办学，强化“中文＋职业技术（技能）”教育培训，共建职业教育标准、共享职业教育资源。支持现代工匠学院设置科创中心和技术交流中心，面向东盟国家人才集聚地设置“技术技能人才飞地”，就地吸引东盟国家高水平技术人才，提升服务当地企业发展能力①。为保障中国—东盟现代工匠学院建设，广西壮族自治区政府将成立中国—东盟现代工匠学院工作领导小组，由自治区教育厅、发展改革委、财政厅、审计厅、外事办、国资委等部门建立协同推进工作机制，同时将中国—东盟现代工匠学院建设情况作为中央和自治区现代职业教育质量提升计划资金分配的重要依据，对纳入中国—东盟现代工匠学院的建设项目给予倾斜支持，并对项目实行跟踪问效，确保项目的顺利实施。2023 年 9 月，广西农业职业技术大学牵头的中国—老挝现代农业工匠学院获自治区教育厅批准，成为首批中国—东盟现代工匠学

① 教育部，广西壮族自治区人民政府．关于印发推动产教集聚融合打造面向东盟的职业教育开放合作创新高地实施方案的通知（桂政发〔2023〕13 号）[EB/OL]．（2023-04-19）[2024-03-19]．http://www.gxzf.gov.cn/html/zfwj/zxwj/t16845354.shtml.

院特色项目建设单位。

表 4-4　中国—东盟现代工匠学院特色项目名单

序号	学院名称	中方牵头学校	外方合作学校	首批参与建设企业
1	中国—印度尼西亚智能运载装备现代工匠学院	柳州职业技术学院	印度尼西亚雅加达国立理工学院、印度尼西亚万隆制造理工学院	柳工机械印尼股份有限公司
2	中国—越南新能源汽车现代工匠学院	广西交通职业技术学院	越南太平大学	越南太平兴盛股份公司、广西汽车集团有限公司、比亚迪股份有限公司
3	中国—缅甸纺织服装现代工匠学院	广西经贸职业技术学院	缅甸工业部第二培训中心(曼德勒)	广西南宁代顿斯贸易有限公司、深圳市博克时代科技开发有限公司
4	中国—泰国糖业现代工匠学院	广西工业职业技术学院	泰国孔敬高级农业技术学院	泰国两仪糖业集团、广西崇左东亚糖业集团
5	中国—印度尼西亚新能源汽车现代工匠学院	柳州城市职业学院	印度尼西亚必利达国民三语学校	上汽通用五菱印尼汽车有限公司、上汽通用五菱汽车股份有限公司
6	中国—柬埔寨绿色能源现代工匠学院	广西水利电力职业技术学院	柬埔寨波雷烈国立农业学院	中国华电集团发电运营柬埔寨有限公司
7	中国—老挝现代农业工匠学院	广西农业职业技术大学	老挝国立大学、老挝东坎商农业技术学院	中国湖南炫烨生态农业发展有限公司、广西金穗农业集团有限公司
8	中国—柬埔寨现代建筑工匠学院	广西建设职业技术学院	柬埔寨国家技术培训学院	广联达科技股份有限公司
9	中国—马来西亚铁路现代工匠学院	柳州铁道职业技术学院	马来西亚彭亨大学	中国交通建设股份有限公司马来西亚东海岸铁路项目总经理部
10	中国—泰国智造现代工匠学院	广西职业技术学院	泰国邦楷技术学院	江苏汇博机器人技术股份有限公司
11	中国—越南中医药现代工匠学院	广西中医药大学	越南传统医药大学	广西柳药集团股份有限公司
12	中国—越南电子信息现代工匠学院	南宁职业技术学院	越南河内工业职业大专学校	歌尔股份越南有限公司、日精电子科技有限公司、苏州派讯智能科技有限公司

续表 4-4

序号	学院名称	中方牵头学校	外方合作学校	首批参与建设企业
13	中国—泰国跨境商务现代工匠学院	广西国际商务职业技术学院	泰国教育部职业教育，泰国北柳职业学院，泰国春武里职业学院	广西启迪创新跨境电子商务有限公司、北京唐风汉语教育科技有限公司、宁波家联科技股份有限公司
14	中国—马来西亚数字经济现代工匠学院	广西金融职业技术学院	马来西亚拉曼理工大学	广西启迪创新跨境电子商务有限公司
15	中国—新加坡智能制造现代工匠学院	广西机电职业技术学院	新加坡南洋理工学院	青岛海之晨装备工业有限公司
16	中国—文莱烹饪现代工匠学院	桂林旅游学院	文莱拉克萨马拉商学院	无
17	中国—菲律宾家政服务现代工匠学院	广西卫生职业技术学院	菲律宾马里亚诺马科斯国立大学	广西旅游发展集团、南宁泰康之家桂园养老服务有限公司、广西壮家女家庭服务有限公司、广西康之桥护理服务有限公司

二、老挝对合作机构的遴选和保障条件

(一)遴选中国职业院校参与老挝职业教育国际合作项目

2018 年，澜湄—中国教育培训促进联盟(简称“LCETPA”)在老挝万象注册成立，是老挝国家工商会的核心会员单位、老挝国家工商会重庆代表处(LNCCIC)秘书处单位。在老挝教育与体育部和老挝国家工商会指导下，广泛开展中国院校与老挝的国际教育合作，区域遍布重庆、云南、贵州、四川、广东、广西、山东、陕西等省(区、市)，并与泰国职教委员会、缅甸职业教育技术委员会、柬埔寨劳工与职业培训部以及澜湄各国的各大高校、职业院校及相关产业行业组织均保持良好沟通、交流与合作。为了健全和完善老挝国家相关行业职业标准和职业教育体系，2023 年 2 月，澜湄—中国教育培训促进联盟受老挝教育与体育部职教司委托，实施“老挝国家职业标准开发项目”，帮助老挝引进中国职业教育资源，充分发挥中国职业教育的优势和特点，与老挝共同完善职业教育建设。该项目发起单位是老挝职业教育发展研究院(VEDI)、澜湄—中国教育培训促进联盟(LCETPA)，支持单位是老挝教育与体育部职教司(TVED)、老挝国家工商会重庆代表处(LNCCIC)、中国—东盟商科职业教育联盟、湖北教育国际交流协会高职分会，实施单位是武汉中部对外经济技术合作集团有限公司。首批拟开发老挝国家职业标准共 77

项，有理工农医及艺术、体育领域的各种职业岗位，包括 IVET1～4、VE-IVET1～4 等级别。中国职业院校根据自身专业优势，选择其中 1～3 个等级的职业标准，结合老挝实际需求，与老挝职业教育发展研究院专家组进行多轮次商讨，形成符合中国标准，满足老挝需求的职业标准的体系，并配套提供与其相关的专业教学标准，由老挝教育与体育部、老挝职业教育发展研究院注册认证，纳入老挝国家职业教育体系，在老挝国家职业院校推广使用，指导和规范其职业教育人才培养工作。2023 年 5 月，澜湄—中国教育培训促进联盟公布第一批 58 个“老挝国家职业标准开发项目”立项建设名单，其中畜牧兽医技术员、水产养殖技术员、农作物种植技术员、农作物种子加工员、农产品食品检验员等 5 项农林牧渔类老挝国家职业标准由广西农业职业技术大学、广西生态工程职业技术学院、常德职业技术学院、广东农工商职业技术学院、丽水职业技术学院、顺德职业技术学院、台州科技职业学院、永州职业技术学院、长江职业学院、重庆三峡职业学院等 10 所涉农高职院校建设（表 4-5）。

表 4-5 “老挝国家职业标准共建项目”立项建设单位评审结果

职业标准名称	建设单位	申报等级	建设方式
畜牧兽医技术员（Livestock and Veterinary Technician）	广西农业职业技术大学	IVET3	牵头
	常德职业技术学院		参与
	永州职业技术学院	IVET4	独立
水产养殖技术员（Aquaculture Technician）	重庆三峡职业学院	IVET3	独立
	广西农业职业技术大学		牵头
	常德职业技术学院	IVET4	参与
农作物种植技术员（Crop Planting Technician）	广西生态工程职业技术学院	IVET2	—
	永州职业技术学院	IVET3	独立
	广东农工商职业技术学院	IVET4	独立
农作物种子加工员（Crop Seed Processor）	广西生态工程职业技术学院	IVET2	—
农产品食品检验员（Agricultural Products and Food Inspector）	长江职业学院	IVET3	独立
	丽水职业技术学院	IVET4	牵头
	顺德职业技术学院		参与
	台州科技职业学院		参与

2024 年 2 月，老方继续委托武汉中部对外经济技术合作集团有限公司遴选中国职业院校开展第二批老挝国家职业标准共建项目、老挝国家课程标准和数字化课程资源开发项目（第一批）、境外办学项目。遴选标准包括国际合作基础、专业师资、专家队伍、相关专业特色优势、在老中资企业合作情况等方面的主要成效等。

第二批老挝国家职业标准共建项目共有农林牧渔、食品加工工业、装备制造与维护等13个大类100个项目，每个项目都包括IVET1～4等级。其中农林牧渔大类包括园艺技术员/工程师、观光农业运营技术员/工程师、茶叶生产与加工技术员/工程师、农产品加工技术员/工程师、数字农业技术员/工程师、农业机械化设备修理与保养技术员/工程师、水产品加工技术员/工程师、动物疫病防治员/工程师等8个项目。

老挝国家课程标准和数字化课程资源开发项目（第一批）共80个，等级包括IVET1～4、VE-IVET1～4，其中农林牧渔项目包括畜牧兽医技术员IVET1～4、水产养殖技术员IVET1～4、农作物种植技术员IVET1～4、木材防腐师VE-IVET1～4，分别对应畜牧兽医、水产养殖技术、作物生产与经营管理、农产品加工与质量检测、木业产品加工技术等10个专业（表4-6）。

表4-6　老挝国家课程标准和数字化课程资源开发项目（第一批）

编号	职业名称	对应专业	等级
1	畜牧兽医技术员 (Livestock and Veterinary Technician)	畜牧兽医	IVET1～4
2	水产养殖技术员 (Aquaculture Technician)	水产养殖技术	IVET1～4
3	农作物种植技术员 (Crop Planting Technician)	作物生产与经营管理	IVET1～4
4	农作物种子加工员 (Crop Seed Processor)	种子生产与运营、种子生产技术	VE-IVET1～4
5	农产品食品检验员 (Agricultural Products and Food Inspector)	农产品加工与质量检测、食品检验检测技术	IVET1～4
6	木材干燥工 (Wood Drying Worker)	木业产品加工技术、木材科学与工程	IVET1～4
7	木材防腐师 (Wood Preservation Specialist)	木业产品加工技术、木材科学与工程	VE-IVET1～4
8	手工木工 (Carpenter of Handmade Woodware)	木业产品加工技术、木结构建筑与材料	VE-IVET1～4
9	机械木工 (Carpenter of Mechanical Woodware)	木业产品加工技术、木结构建筑与材料	VE-IVET1～4
10	精细木工 (Carpenter of Fine Woodware)	木业产品加工技术、木结构建筑与材料	IVET1～4

境外办学项目中，老挝教育与体育部职业教育司已经遴选出84所老挝职业院校。中方职业院校与老方对接将分4个批次进行，首批与中方合作的院校是老挝国立大学、老德职业技术学院、巴巴萨技术学院等3所院校（表4-7），第二批老方院校包括东坎商农

业技术学院、理工学院、琅勃拉邦综合职业技术学校等9所中高职院校(表4-8)。中方院校根据每批次老方合作院校清单,确定合作对象及专业后向武汉中部对外经济技术合作集团有限公司申报,由其统一向老挝教育与体育部职业教育司提交合作方案,获得老挝官方批准后,公司协助中老院校对接开展境外办学项目。

表4-7 老挝首批境外办学项目合作校

序号	所在地	学校名称	学校性质	主要专业	意向海外学校合作专业
1	万象市	老挝国立大学(National University of Laos)	公立	设9个学院: 万象教师培训学院、国家理工学院、医科学院、电子科技学院、万象交通与通讯学院、万象建筑学院、Tad Thong灌溉学校、东都林学院、Nabong农学院以及温卡姆农业中心	农业(Agricultrue) 工程(Engineering) 体育(Sports) 绿色能源(Green Energy) 电商(E-Commerce)
2	万象市	老德职业技术学院(Lao-German Technical College)	公立	设5个系: 汽车技术系、电气电子系、普通金属加工系、焊接与管道系、重型机械和农业机械系	新能源汽车维修(EV) 汽车维修(Vehicle Maintenance) 机电一体化(Mechatronic) 空调维修(Air Conditioning Maintenance)
3	万象市	巴巴萨技术学院(Pakpasak Technical College)	公立	设4个系: 工商管理系、电气电子系、酒店与旅游管理系、工业系	电子商务(E-Commerce) 国际金融(International Finance) 会计(Accounting) 旅游管理(Tourism Management) 酒店管理(Hotel Management) 家具制作(Furniture Manufacturing)

表4-8 老挝第二批境外办学项目合作校

序号	所在地	学校名称	学校性质
1	万象市	老挝铁道技术职业技术学院(Lao Railway Technical and Vocational College)	公立
2	万象市	理工学院(Polytechnic College)	公立
3	万象市	东坎商农业技术学院(Dongkhamxang Agriculture Technical College)	公立

续表 4-8

序号	所在地	学校名称	学校性质
4	万象市	老挝-印度创业发展中心(Lao-India Entrepreneurship Development Centre)	公立
5	万象市	万象-河内友谊技术职业学院(Vientiane-Hanoi Friendship Technical-Vocational College)	公立
6	万象省	万象省技术学院(Technical College Of Vientiane Province)	公立
7	琅勃拉邦省	琅勃拉邦技术职业学院(Luangprabang Technical Vocational College)	公立
8	琅勃拉邦省	琅勃拉邦综合职业技术学校(Integrated Vocational Education Technical School of Luangnamtha)	公立
9	琅勃拉邦省	南北琅勃拉邦职业技术学校(Vocational Education Technical School of Nambak Luangprabang)	公立

(二)与中国合作设立职业技术教育培训基地

2019 年 9 月 23 日,“老挝—中国职业技术教育培训基地”在老挝教育与体育部职业教育发展中心举行。至此,两国职业教育合作在老挝的唯一官方培训基地正式运营,与 2019 年 4 月落户湖南长沙民政职业技术学院的“中国—老挝职业技术教育培训基地”实现双向联动,无缝对接,共筑两国职业教育共同体,为老挝经济社会发展提供强大的技术技能人才培养培训支撑。时任老挝教育与体育部孔习·萨曼尼致辞指出,两国职业教育合作意义重大,非常感谢湖南对老挝职业教育发展的大力支持。建立双向职业技术教育培训基地,将加大老挝技术技能人才培养力度,有力推动老挝经济社会发展,提高人民就业能力和生活水平①。湖南省教育厅王瑰曙表示,湖南省将以两国双向职业技术教育培训基地为平台,一如既往地加强与老挝的教育合作交流,组织更多高校来老挝开展教育合作项目,同时加大对老挝教育发展的支持力度。

(三)建设中国—老挝职业教育发展共同体

2021 年 11 月 30 日,中国—老挝职业教育发展共同体成立仪式在重庆永川举行,助推永川西部职业教育基地建设。该共同体是在重庆市教育委员会、老挝教育与体育部和永川高新区管委会的共同指导和大力支持下,由重庆城市职业学院牵头,联合中国、老挝 40 多家职业院校、行业企业共同组建。永川西部职教基地建设将支持“共同体”建设成为共享型国际产业学院。在永企业与成员单位将一起在产业学院内建设鲁班工

① 湖南省教育厅.“老挝—中国职业技术教育培训基地”落户万象[EB/OL].(2019-09-29)[2024-05-19]. http://jyt.hunan.gov.cn/sjyt/jyyw/201909/t20190929_10469023.html.

坊、海外职业教育培训中心，发挥西部职教基地的主导引领作用，在职业教育发展体制机制改革等方面先行先试，江苏农牧科技职业学院也是该共同体成员。

（四）建设中国—老挝职业教育联盟

2023年9月6日，中国—老挝职业教育联盟于老挝万象成立，由中国长沙民政职业技术学院与老挝教育与体育部职业教育发展研究院共同发起，湖南省委副书记、省长毛伟明和老挝教育与体育部部长普·西玛拉翁为联盟揭牌，旨在提供"政-校-企-研"合作开放平台，探索中老职教合作的新路径、新模式，打造中国—老挝职业教育合作新高地，为两国提升职业教育发展质量、促进产业转型提供新的重要支撑①。目前，已有50家中国院校与企业，以及40家老挝院校与企业加入联盟。2023年12月14日，在教育部指导成立的"中国—东盟职业教育联合会"框架下，"中国—老挝职业教育产教联盟第一次理事大会"在长沙举行。会议由联盟牵头单位长沙民政职业技术学院和老挝教育与体育部职业教育发展研究院共同承办，来自全国各地50家联盟中方成员单位75名代表通过"线上+线下"同步参加会议。老挝教育与体育部党委委员、职业教育发展研究院院长本森·坎蒙表示，联盟前期在职业教育师资培训、标准共建等方面已经有了良好的合作基础。作为老方理事长单位，老挝教育与体育部职业教育发展研究院将持续推动老中双方院校与企事业单位不断交流互鉴，发挥好桥梁作用。

第四节　结　　语

中国—老挝农业职业教育合作规模化体系化不足十年时间，分析两国职业教育合作的职能定位、组织模式、合作机构的遴选和保障等，评估各种合作方式的实践成效，高效的合作模式应该是类似广西农业职业技术大学与老方的"研—学—产"合作模式，它可逐步激发老方参与主体的内生发展动力，将合作形体从中国对老方单向援助"授人以鱼"转变为中老合作双向互动"授人以渔"持续发展。教育活动过程实为人类个体被所处地域文化熏陶的文化过程，教育学活动的本来面貌就是"文化涉入"，就是"价值关联"的过程，跨文化情境中的中国—老挝农业职业教育合作过程是基于文化理解和尊重基础上的双向交流、分工协作②。首先，合作的形式是"走进"而非"走近"老挝的寺庙与村落、农田与林地、教育部门办公室与学校课堂，通过长期观察以及参与老挝民众的农业生

① 陈文静，黄佳莉，谭尔豪，等.第三篇章　让"湖南故事"走向世界——看湖南职业教育如何服务高水平对外开放[J].湖南教育(C版)，2024(4)：21-24.

② 石中英.教育学的文化性格[M].太原：山西教育出版社，2005.

产、课堂教学等，了解老挝原始农业、传统农业生产的实际情况，理解小乘佛教国家农业文化对职业教育的价值规约，将农业技术、品种、专业人才培养方案、课程标准等中国农业职业教育经验转化为老挝学校和学生认可、理解、接受的职业教育"中国标准"奠定文化理解基础；其次，老挝农业人才、学生通过进入中国培训和留学，而后又返回到老挝，充分利用中老合作农业基地、中资农业企业等实习和工作，进行中国农业新品种、农业技术、生产经营方式的本土化验证，以判断这些技术和品种是否适合老挝绿色农业发展战略，是否能引领老挝现代农业发展方向，是否能本土化为老挝农业职业教育课程、教材等教学资源，助推形成"中国农业技术输出—老挝试验示范—中国教育标准本土化—老挝本地产业化应用"的"研—学—产"融合链条。这种中老双方密切合作、双向互动的农业职业教育合作模式才能尊重和发挥老方在教育合作中的主体性和积极性，倾听和吸纳其发展绿色农业的诉求，有助于弱化中国农业标准转移应用导致的技术异化问题，真正实现两国农业职业教育合作互利共赢、行稳致远。

第五章

中国—老挝农业职业教育合作规范与质量控制

中国—老挝农业职业教育合作规范与质量控制是一个微观层面的具体实操问题，对其进行研究必须选取一个具有系统性、连贯性的合作活动典型样本进行深入分析，才具有可行性和示范性。因此，针对广西农业职业技术大学与老方共同构建的“研—学—产”合作模式，剖析中国—老挝合作农作物优良品种试验站、中国—东盟农业培训中心、广西农业职业技术大学老挝分校等合作平台建设情况，分析农业试验站建设、农业人员培训、留学生教育、老挝分校建设等具体合作行为中存在的制度规范及质量控制举措，可深度揭示农业职业教育跨国合作行为的发展路径，对其他职业院校开展国际合作具有充分的参考借鉴价值。

第一节　中国—老挝农业职业教育合作跨国协作关系

中国—老挝农业职业教育合作是一个跨国境的教育活动，它的行为主体包括中老双方政府、学校、研究院、企业等，具体执行层面的协作关系包括资源调配、程序和标准等。中老政府支持两国农业和农业职业教育合作，牵头创设合作的政策、市场、空间、信息等合作所需的共生环境。广西农业职业技术大学与老挝农林与农村发展研究院、广西壮族自治区农业科学院、广西壮族自治区标准技术研究院等研究机构，老挝东坎商农业技术学院、老挝国立大学农学院、占巴塞农林学院等老挝学校，炫烨（老挝）有限公司、老挝金象粮油有限公司、广西昇华农业科技有限公司（曾用名：广西南宁昇华农业有限公司）等在老中资企业构建“研—学—产”合作体系，发挥各自优势投入技术、人才、资金、设备、信息、土地、管理等资源，助力形成“中国—老挝合作农作物优良品种试验站＋中国—东盟农业培训中心”农业职业教育“研—学—产”合作平台，支撑中国技术“走出去”、老挝试验示范、产业应用、老挝优质农产品“带回来”，以及开展老挝农业人才培训、留学生教育与老挝分校建设等“研—学—产”共融的合作形式。

一、中国—老挝合作农作物优良品种试验站跨国共建协作关系

（一）“中国—老挝合作农作物优良品种试验站”建设目标

为推动中老全面战略合作伙伴关系的深入发展，加强中老之间在农业技术方面的交流，促进中老两国农业的发展，中老两国农业部指定中国广西农业职业技术学院（广西农业职业技术大学前身之一，下同）与老挝农林与农村发展研究院代表中老两国具体承担“中国—老挝合作农作物优良品种试验站”的建设任务，分别在老挝首都万象建设“中国—老挝合作农作物优良品种试验站”、老挝占巴塞省建设“中老合作农业试验基地（巴松分站）”。其主要功能包括农作物新品种、新技术研发与推广以及农村扶贫项目建设，并与中国—东盟农业培训中心协调联动开展老挝农业人员培训，辅助功能包括承接老挝国立大学农学院、老挝东坎商农业技术学院学生的实习实训，通过“研—学—产”融合全方位带动老挝当地农业生产和农村发展。

（二）“中国—老挝合作农作物优良品种试验站”建设过程

2003 年 8 月，时任广西壮族自治区农业厅厅长张明沛率领广西农业代表团访问老挝，并与老挝农林部种植司签订了农业合作备忘录。2004 年 3 月，时任中国国务院副总理吴仪访问老挝，与老挝国家副总理签署了相关农业合作协议。2004 年 3 月，老挝农林部种植司司长委来文·潘努拉率团访问广西，与广西壮族自治区农业厅签订了农业合作备忘录。

为落实时任中国国务院总理温家宝于 2010 年 10 月出席第十三次中国与东盟领导人会议提出的“进一步实施优质高产农作物示范田建设，与东盟各国共同建设农作物优良品种试验站 20 个，示范推广面积 100 万公顷，繁育推广优良品种，提高农作物单产水平和生产能力”的建议，中国农业部与老挝农林部协商在老挝占巴塞省建立“中国—老挝合作农作物优良品种试验站”。该试验站由中国广西农业职业技术学院承建，是中国农业部在东盟国家建立的第一个品种试验站。

2012 年 9 月，时任中国农业部副部长牛盾与老挝农林部签署《2012—2013 年中国—老挝农业合作工作计划》，决定在老挝万象共同建设占地面积 40 公顷的“中国—老挝合作农作物优良品种试验站”（简称“试验站”）。2013 年 5 月，由广西农业职业技术学院与

老挝农林研究院签署《2013年中国—老挝农作物优良品种试验站合作备忘录》，开始试验站的建设。五年建设期满后续签《2018年中国—老挝农作物优良品种试验站合作备忘录》。

《2013年中国—老挝农作物优良品种试验站合作备忘录》规定第一期建设时间为2013—2018年，共5年周期。建设总体目标是：①把中国—老挝合作农作物优良品种试验站与中国—老挝合作农业试验基地（中国—老挝合作农作物优良品种试验站巴松分站）在老挝建成一个集农作物新品种筛选、试验、示范、展示及水稻玉米种子生产的基地。②把中国—老挝合作农作物优良品种试验站建成集新技术推广、农业培训、观光旅游农业于一体、设施完善、功能齐全、上档次、上规模的农作物优良品种试验站。③在老挝试种示范、注册和审定并推广杂交水稻、杂交玉米和果蔬等高产、优质、抗旱、抗病虫害的新品种，把试验站建成现代化农业基地和中老友好合作平台。④促进推广示范有机蔬菜栽培新技术，提高粮食产量，增强区域食品安全；促进老挝农业产业结构的调整，提高老挝农产品市场的竞争力，带动老挝当地农业生产的进一步发展，带动老挝农村经济的发展。⑤帮助老挝专家提高水稻和蔬菜种子生产的水平。

一期项目5年具体任务目标是：①筛选出适合老挝种植推广的农作物优良品种35个以上，其中水稻9个、玉米7个、蔬菜14个和果树5个。②以位于万象市的中老合作农作物优良品种试验站和位于巴松市的试验分站为示范基地，辐射老挝全国，并在老挝万象市、万象省、占巴塞省、沙湾拿吉省、沙拉湾省和朗南塔省等6个省市示范推广水稻、玉米、瓜菜和果树等作物，面积2 800公顷。③免费为老挝培训农业技术人员800人次以上。④农业技术推广后作物单位产量提高20%以上。⑤争取安排老挝农业技术员6名到中国就读硕士或博士研究生。

《2018年中国—老挝农作物优良品种试验站合作备忘录》第二期建设时间为2018—2023年，共5年周期。二期项目建设总体目标是：①把中国—老挝合作农作物优良品种试验站发展成一个集农作物新品种试验、示范、推广以及新技术推广、农业培训、观光旅游于一体的现代化农业基地。②把中国—老挝合作农作物优良品种试验站发展成设施完善、功能齐全、上规模、上档次的农作物优良品种试验站。③在老挝试种高产、优质、抗旱、抗病虫害的果树、蔬菜、水稻和玉米等新品种。④促进推广示范各类农作物栽培新技术，提高粮食产量，增强区域食品安全；促进老挝农业产业结构的调整，提高老挝农产品的市场竞争力，带动老挝当地农业生产的进一步发展，带动老挝农村经济的发展。

二期项目5年具体任务目标是：①在第一期合作基础上继续试验种植农作物新品种，筛选并推广适合老挝种植条件的新品种15个以上，其中水稻1个、玉米1个、蔬菜8

个和果树5个。②中方协助老方进行农业标准化研究，争取协助制定适宜老挝当地的农业标准化生产技术规程5项以上。③以位于万象市的中老合作农作物优良品种试验站为示范基地，辐射老挝全国，并在老挝5个以上省份建立新品种新技术推广示范点。④免费为老挝培训农业技术人员500人次以上。⑤争取安排8名老挝农业技术员到中国就读硕士或博士研究生，并根据"中国—东盟农业培训中心"开班情况安排老挝农业技术员到中国短期培训(图5-1)。

图5-1　广西农业职业技术学院校内广西现代农业技术展示中心(八桂田园)是广西农业对外展示窗口

(三)试验站分工与协作关系

为保证中国—老挝合作农作物优良品种试验站两个"五年"建设任务的顺利完成，中老双方经过协商，形成了双方的任务分工，以下是两期建设的具体分工内容。

1.中国—老挝合作农作物优良品种试验站一期合作分工

中方代表——广西农业职业技术学院的分工如下：

(1)根据实际情况，为在老挝开展农业调研及果树、蔬菜、水稻和玉米等农作物新品种的试验、试种和推广提供专家资源及技术支持。

(2)负责租赁或购买项目建设所必需的施工机械、建筑材料、仪器设备、交通车辆、研究所用物资、水电及其他物品。

老方代表——老挝农林与农村发展研究院的分工如下：

(1)负责与有关部门沟通协调免除建设该项目所需设备、材料和实施本项目派遣的中国工程技术人员生活物资的关税和各种捐税。中方提前一个月将从中国运至老挝的货物清单告知老方。老方负责协助中方办理建筑材料、施工机械、交通车辆、建筑设备、配套物资以及中国工程技术人员在老挝工作期间所需的生活物资、药品、劳动保护用品等进入海关的报关、提货、保管并协助运至工地。

(2)负责协助中方办理中方人员在老挝的工作签证及居留许可证等证件。

(3)负责协助中方办理与项目有关的各类证件,协助处理在建设过程中发生的劳工、技术或其他各种问题;老方依据老挝法律协助中方办理当地工人的招聘、解雇和处理当地雇员在实行项目工作过程中可能出现的纠纷和伤亡事故等。

(4)根据老挝法律保护中方人员在老挝实施项目期间生命财产安全及其他合法权益。中方工作人员必须遵守老挝法律。

同时规定双方人员共同的任务如下:

(1)双方共同对中国—老挝合作农作物优良品种试验站发展项目进行进一步的规划设计及建设。

(2)双方共同对前往老挝实施项目的专家进行管理。

(3)双方共同制定项目具体实施方案,共同参与项目跟踪管理。

(4)组织机构:双方共同组建项目领导小组。中方配套项目专家组,确保科研技术来源。成立中国—老挝合作农作物优良品种试验站组织机构,双方派出专职人员参与经营管理。

(5)项目需要编写月度和年度工作总结,年终双方进行阶段性评估,制定下一年的项目实施方案,5年项目期内需进行一次中期总结,并呈报中老两国上级主管部门及农业部。

2. 中国—老挝合作农作物优良品种试验站二期合作分工

(1)中方根据实际情况,为在老挝开展农业调研及果树、蔬菜、水稻和玉米等农作物新品种的试验、试种和推广提供专家资源及技术支持。

(2)中方负责租赁或购买项目建设所必需的施工机械、建筑材料、仪器设备、交通车辆、研究所用物资、水电及其他物品。

(3)中老双方共同对中国—老挝合作农作物优良品种试验站进行进一步的规划设计及建设。

(4)中老双方共同对前往老挝实施项目的专家进行管理。

(5)老方负责与有关部门沟通协调免除建设该项目所需设备、材料和实施本项目派遣的中国工程技术人员生活物资的关税和各种捐税。中方提前一个月将从中国运至老挝的货物清单告知老方。老方负责协助中方办理建筑材料、施工机械、交通车辆、建筑设备、配套物资以及中国工程技术人员在老挝工作期间所需的生活物资、药品、劳动保护用品等进入海关的报关、提货、保管并协助运至工地。

(6)中老双方共同制定项目具体实施方案,共同参与项目跟踪管理。

(7)老方负责协助中方办理中方人员在老挝的工作签证及居留许可证等证件。

(8)老方负责协助中方办理与项目有关的各类证件,协助处理在建设过程中发生的劳工、技术或其他各种问题;老方依据老挝法律协助中方办理当地工人的招聘、解雇和处理当地雇员在实行项目工作过程中可能出现的纠纷和伤亡事故等。

(9)老方根据老挝法律保护中方人员在老挝实施项目期间生命财产安全及其他合法权益。中方工作人员必须遵守老挝法律。

(10)组织机构:中方任命中方站长一名,老方任命老方站长一名及一定数量的专家工作人员共同参与经营管理,并明确具体岗位职责。中方从项目经费中支付老方站长一定金额的工作补贴,但老方专家工作人员的工作待遇由老方负责。

(11)项目需要编写年度工作总结,年终双方进行阶段性评估,制定下一年的项目实施方案,5年项目期内需进行一次中期总结,并呈报中老两国上级主管部门及农业部。

综上所述,在试验站一期建设过程中,中方主要负责人员、资金、技术等资源的投入,老方主要负责提供场地、帮助满足中方人员的日常需求,协助中方人员开展项目,中老双方在两期试验站建设过程中,均有着严密且良好的分工合作关系。在试验站二期建设过程中,更加强调中老双方的平等合作关系,中方投入的资源逐步减少,老方在项目的建设过程中发挥了更积极的作用。

(四)试验站项目资源投入

中国—老挝合作农作物优良品种试验站一期合作备忘录规定资源投入如下:项目所需经费900万元由中方申报中国国家项目经费解决;大金额的经费开支由中方按其国家项目经费使用政策安排使用,日常经费开支按照中方国家财政法律法规的规定使用;在可持续发展方面,中国—老挝合作农作物优良品种试验站以中老双方的名义合作共建,由双方共同经营管理,经营收入归中国—老挝合作农作物优良品种试验站所有,主要用于试验站的正常运营及后续发展,确保试验站的技术示范、培训推广等公益性功能的持续发挥。

中国—老挝合作农作物优良品种试验站二期合作备忘录规定资源投入如下:项目

所需经费由中方申报中国国家项目经费以及中—老合作农作物优良品种试验站经营收入解决。其他内容不变。这表明中国—老挝合作农作物优良品种试验站已经逐步具备自我经营发展能力，彰显了中国对外援助"授人以渔"的原则。

依据两期中老试验站备忘录的建设目标，中方持续对试验投入科研项目、资金、科研人员等资源，共计中国财政资金人民币 2 573.5 万元，其他资金及资源折合人民币 3 000 多万元。老方投入土地面积 100 公顷，在老挝万象市塞塔尼县潘东村—金花村建立的中国—老挝合作农作物优良品种试验站占地 40 公顷（由老挝农林与农村发展研究院农业研究中心和果蔬研究中心免费提供土地），在占巴塞省巴松市建立的中老合作农业试验基地（中国—老挝合作农作物优良品种试验站巴松分站）60 公顷，并为试验站运行提供人员、物资通关等政策保障，两国依托试验站重点围绕水果新品种开发、粮食新品种开发以及基础农业设施建设等领域开展了多项农业领域项目合作。同时，为便于在老挝开展合作，学校依托校办企业广西华亚金桥农业科技开发有限责任公司、广西八桂农业科技有限公司，根据老挝《企业法》《投资促进法》等规定，以及中华人民共和国商务部《关于境外投资开办企业核准事项的规定》和广西壮族自治区商务厅颁发的《企业境外投资证书》，先后在老挝注册了老挝华亚金桥农业科技有限公司、老挝八桂农业科技有限公司，依托中国—老挝合作农作物优良品种试验站开展品种试验筛选、农作物示范推广、农业技术培训等业务。在海外成立公司运营项目具有方便业务开展、规范项目资金管理、为项目实施提供广阔的市场和更多合作伙伴等优势。2016—2022 年，试验站承担了 9 个农业合作项目，政府累计投入项目资金达 800 万元以上（表 5-1）。

表 5-1　2016—2022 年试验站承担的合作项目

投入年份	项目名称	委托单位	承担单位	投入资金/万元	资金用途
2016 年"农业标准东盟国家示范研究"课题技术合作协议	农业标准东盟国家示范研究	广西壮族自治区标准技术研究院	广西农业职业技术学院	20	(1)我国哈密瓜标准在老挝的适用性研究和应用。研究当地气候、环境等，开展农作物试种试验，确定哈密瓜种植品种和具体种植区域。结合当地实际和推广应用的中国哈密瓜相关标准，开展哈密瓜标准在老挝的适用性研究，验证或研究制定标准的技术项目和指标参数，转化中国标准并研制当地种植相关企业标准 2 项以上，发布标准并按标准要求实施 (2)哈密瓜农业标准示范区建设。依据中国农业标准化示范区模式和结合当地实际，在老挝建设哈密瓜农业标准化示范区，示范面积为 5 公顷，并将转化后的哈密瓜相关标准

续表 5-1

投入年份	项目名称	委托单位	承担单位	投入资金/万元	资金用途
					应用于示范区和辐射推广地区，配合中方开展现场测产查定。开展农业标准化示范区在柬埔寨的建设模式和考核评估方法研究 (3)哈密瓜种植技术和标准化培训。负责招收学员、提供场地、聘请翻译等，并在老挝开展哈密瓜种植、标准化等相关技术培训，培训人数100人次以上 (4)标准化相关交流合作。协助中方与老挝标准化等有关机构开展交流合作，为中方到老挝开展课题研究、现场测产查定和交流合作等提供支持和帮助
2016年“中老合作社区减贫示范项目”	中国—老挝减贫合作社区示范项目	广西外资扶贫项目管理中心	广西华亚金桥农业科技开发有限责任公司	37	中方发挥在外资扶贫项目管理方面的优势，老方发挥在老挝承建和经营的中国—老挝合作农作物优良品种试验站项目的优势，共同在老挝万象塞塔尼县金花村完成自来水工程项目、农业产业减贫研究和示范建设项目
2017年“中国东盟水稻绿色增产技术合作项目合同”	中国—东盟水稻绿色增产技术合作	农业部国际合作司	广西华亚金桥农业科技开发有限责任公司	65	(1)开展品种技术引进试验。从国内引进一批品质优、产量高、抗性好、适应性强的水稻新品种；根据当地实际引进华南稻作区较为成熟的育秧、栽培、水肥管理和病虫害绿色防控技术 (2)组装水稻绿色增产技术。围绕节肥、节药、节水、省工，组装推广水稻育秧、集中育秧、机插秧、水气平衡、“三控”栽培、精准施肥、稻草还田、重大病虫综合治理等关键技术以及稻田生态种养模式等 (3)开展现场示范展示、演示和产品品鉴活动。围绕着水稻生产的产前、产中、产后服务，组织开展水稻品种技术现场展示、演示以及成果鉴定和产品品鉴活动
2017年“广西—老挝无公害香蕉栽培技术研究与应用示范项目合同”	广西—老挝无公害香蕉栽培技术研究与应用示范	南宁市科学技术局	广西华亚金桥农业科技开发有限责任公司、广西壮族自治区农业科学院农业科技信息研究所	20	在老挝首都万象推广广西优良香蕉品种3～4个，采用先进的减化肥减农药等生物药肥，共用无公害优质栽培技术，开展老挝无公害香蕉栽培技术研究，建设面向老挝的香蕉无公害生产示范基地，并辐射带动提升老挝的香蕉产业 (1)推广广西优良香蕉品种3～4个，筛选出适合老挝万象无公害种植的香蕉品种1～2个，在老挝首都万象建设一个香蕉无公害种植核心示范基地 (2)研究采用清洁蕉园、生草覆盖、抹花套袋垫把等先进栽培技术，肥料施用以腐熟有机肥为主，配合生物有机肥、叶面肥使用。病虫

续表 5-1

投入年份	项目名称	委托单位	承担单位	投入资金/万元	资金用途
					害防治以预防为主，综合采用农业、生物、物理防治措施，按照病虫害发生规律，科学合理轮换使用高效、低毒、低残留化学农药及植物源杀虫剂、微生物源杀虫杀菌剂等，有效控制病虫危害。示范基地通过采用减量用药用肥技术，化学农药及化肥使用量降低 20% (3)以核心示范区为基础，开展面向老挝的先进适用农业技术国际培训，辐射带动老挝万象周边的无公害香蕉种植 (4)研究制定适合老挝万象的香蕉无公害种植技术规程
2018 年“湄公河次区域水稻绿色增产技术试验示范”	湄公河次区域水稻绿色增产技术试验示范	农业部国际合作司	广西壮族自治区农业厅	300	(1)开展水稻新品种引进与示范。引进中国优质、高抗、广适的中浙优 8 号、丰田优 553、广 8 优 615、博Ⅲ优 638、联优 362、旌优华占等水稻品种进行试验示范 (2)优化组装水稻绿色增产技术。试验示范水稻机械化精准穴播、集中育苗和抛秧、频振杀虫灯和统一联合病虫害防控等关键技术，优化组装适合当地生产应用的水稻绿色增产技术，实现农药化肥零增长，降低成本提高效益 (3)开展稻田综合种养模式试验。引进罗氏沼虾和小龙虾，开展稻田间套养罗氏沼虾和小龙虾生态种养模式试验，提高产值 (4)开展人员培训与展示推介。开展水稻高产、优质、高效栽培技术及病虫害防控技术、农业机械使用及维修方面的培训，组织开展水稻品种技术现场展示、演示以及产品品鉴活动
2019 年“老挝—中国(广西)农业合作示范区创建项目实施方案”	老挝—中国(广西)农业合作示范区创建	广西壮族自治区农业农村厅	广西华亚金桥农业科技开发有限责任公司	120	(1)根据国家、自治区关于农业对外合作国别、产业和总体规划要求以及所在国法律法规、发展规划和实际需要制定定位清晰、目标科学、保障有效的发展规划，提升科学决策能力 (2)完善配套设施，提升产业承载能力 (3)建立示范区管理机构和管理机制，提高管理团队的国际化和专业化水平 (4)建立专家咨询制度和人才引进培养制度，提升示范区科技创新能力 (5)建立政策咨询、投资分析、资金筹措、生产服务、风险防范、产品营销、技术标准、质量安全、信息联络等服务体系，促进产业聚集，提升产业国际竞争力 (6)开展对外联络和交流，提升外事服务能力

续表 5-1

投入年份	项目名称	委托单位	承担单位	投入资金/万元	资金用途
2020 年“澜湄次区域水稻绿色增产技术试验示范”	澜湄次区域水稻绿色增产技术试验示范	农业农村部国际合作司	广西农业职业技术学院	200	(1)开展新品种新技术引进试验：引进试种试验并筛选出 4 个以上适合当地种植的品质优、产量高、抗性好的水稻新品种，并围绕主推品种开展播种、育秧、水肥管理和病虫害防控等配套技术试验、示范，试验示范面积 1 000 亩 (2)优化组装适合当地的水稻绿色增产技术：减少肥料、农药和人工投入，进一步降低生产成本，推广格田综合种养技术，提高水稻产量和经济效益，在不增加农药化肥施用量的前提下提高水稻单产(增产 5%以上) (3)技术培训与示范推广：通过中国(广西)—东盟农作物优良品种试验站和广西境外农业合作示范区平台以及项目所在国农业合作单位的推广体系，开展技术培训 1 000 人次，辐射带动面积超过 1 万亩
2021 年《关于在中国—老挝合作农作物优良品种试验站建设农机展示中心的合作协议》	农机展示中心	广西农业职业技术大学	炫烨(老挝)有限公司	—	在试验站建设一个农机展示中心
2022 年《中国(广西)—东盟(老挝)标准化联合研究中心建设实施方案》	中国(广西)—东盟(老挝)标准化联合研究中心建设	广西壮族自治区标准技术研究院	广西农业职业技术大学	62.5	(1)建设农业标准示范基地，推广中国标准：通过项目实施，协助推广广西地方标准 5 项。在老挝建设水稻、玉米、大豆等标准化示范基地 4 个，建设示范和辐射面积 10 公顷以上 (2)建设农业标准示范基地，制定当地标准：通过项目实施，建设标准化示范基地，与老挝等国家相关标准化研究机构结合当地的实际情况，转化和改良引进过来的标准技术规程，共同研制出适宜老挝当地推广的相关标准 3 项 (3)技术培训与示范推广：通过中国(广西)—老挝农作物优良品种试验站、老挝农林与农村发展研究院等推广体系，举办标准化技术相关培训或现场培训 3 次，培训人员 250 人次以上

总体而言,2016—2022年,试验站每年都开展了新的农业合作项目,且平均每个项目的资金投入超100万元,开展的合作项目主要包含了哈密瓜、香蕉等水果的新品种开发,水稻、玉米、大豆等农作物的新品种开发,标准开发以及其他基础设施建设等内容,以上建设内容既符合中国农业建设需要,也满足了老方的农业需求。尤其值得关注的是,试验站是2010年温家宝总理承诺与东盟各国共建20个农作物优良品种试验站中首个建成的项目,中方以试验站为技术支撑、产业示范和人才培养核心,与广西壮族自治区农业科学院、在老中资农业企业老挝金穗农业科技有限公司、广西昇华农业科技有限公司、炫烨(老挝)有限公司等合作开展面向东盟的科研项目,通过中国(广西)—老挝合作农作物优良品种试验站平台,服务对接中国(广西)—东盟农业科技创新联盟等方式,整合资源助力中国农业技术、农业标准抱团"出海",在老挝扎根壮大,并辐射澜湄区域、东盟全境拓展业务。

二、老挝农业人才培训跨国协作关系

(一)中国—东盟农业培训中心建设目标

中国—东盟农业培训中心主要任务是与中国—老挝合作农作物优良品种试验站协调联动,承接和举办面向东盟的国家级援外农业科技交流与培训,实施农业科技和职业教育"走出去",成为东盟国家农业部门获取中国农业新品种、新技术、新知识、新信息、新机具等农业发展资源的综合性平台,为老挝等东盟国家农业发展提供人力资源支撑,加速其减贫进程。中心在进行农业对外培训时,紧密结合国家的外交和利益布局,不仅服务中国农业技术、农业标准、农业职教标准输出,同时积极发挥农业和农业职业教育促进老挝等世界最不发达国家中人口占比最大的农民等群体提升劳动技能、人力资本增值、充分优化就业环境等功能,弱势群体增收减贫成效显著,彰显中国对外援助的人道主义特性和大国责任,促进最广泛的民心相通,具有成本低、受益面广、见效快的优势,有效地服务和配合国家总体外交,维护国家开放、发展、稳定大局,服务国家的经济社会建设,树立中国良好的国家形象。

(二)中国—东盟农业培训中心建设过程

2010年10月29日,温家宝总理在第十三次中国与东盟领导人会议上指出做大、做强本地区农业经济合作,继续开展农业培训,为东盟国家在华培训1 000名农业人才,提高东盟国家农业科技水平。2011年10月,温家宝总理在第十四次中国—东盟领导人会议暨中国—东盟建立对话关系20周年纪念峰会上提出,中方愿意设立10个职业教育培训中心,为东盟国家经济社会发展提供所需的人力资源。

东盟各国大多是以农业为主的国家，自然条件与广西相近，农作物也大多相同，但是东盟许多国家的农业还处于传统农业向现代农业的转型时期，农业生产手段较为落后，机械化程度较低，劳动生产率不高，产品科技含量较低，农民素质有待提高，农业科技人员较少，农业新技术、新成果、新产品不多，与东盟许多国家相比，广西具有技术与人才的相对优势，这为广西为东盟各国培训农业技术人员提供了空间[①]。

2012 年，广西壮族自治区农业厅向我国农业部申请成立中国—东盟农业发展合作培训中心，该中心设在广西农业职业技术学院，由该学院依托办学资源优势，承担与东盟国家的农业人才培训工作。同年，我国农业部批复学院挂牌成立了“中国—东盟农业培训中心”，由学院投入优质的硬件设施、师资队伍和经费保障，国家和广西壮族自治区财政通过下达项目的形式每年给予经费支持。

(三)老挝农业人才培训协作关系

中老政府持续支持农业人才培训合作，营造中国—东盟农业培训中心培训所需的政策、市场、空间、信息等环境，包括持续投入资源建设中国—老挝合作农作物优良品种试验站(以下简称试验站)，带动学校、科研院所与企业投入研—学—产资金、设备、品种、科研人员等，中国政府支持老方参加每年度在广西南宁举行的中国—东盟农业合作论坛、中国—东盟职业教育论坛和联展等。

学校评估中老两国技术、人才、资金、设备、信息等资源的势差性和互补性，与老挝农林与农村发展研究院构建研学产合作体系，形成培训合作团队。当地农业政府部门、高校、公司、村委会等根据试验站发出的培训邀请函，结合本地实际需要选派人员参加培训。参加培训所需的交通费和住宿费主要由学员自行解决。如果到中国参加培训，培训学员的交通和食宿由广西农业职业技术学院统一安排，从培训项目经费中支出，签证由参加培训人员根据培训日程自行在本国办理。

学校将新技术新品种物化为老挝农业人才培训标准、老挝留学生教育和老挝分校建设的课程标准，试验站接收老挝农技人员、农民等参加水稻绿色增产技术、大豆高效施肥技术、甜玉米生产技术规程培训班，建立老挝万象金花村蔬菜大棚种植减贫示范村等。同时，试验站推荐老挝农技人员到中心参与培训。通过中心“请进来”开展农业人才培训，试验站“走出去”推广农业技术，形成中老两国培训行动融合平台，规范中国技术“走出去”、老挝试验示范、产业应用、农业人才培训、老挝优质农产品“带回来”等合作方

---

① 豆丁网. 服务中国——东盟自由贸易区，促进农业职业教育发展[EB/OL]. (2008-07-18)[2024-03-29]. https://www.docin.com/p-510825.html.

式和机制，畅通技术、人才、资金、设备和信息沟通渠道，提升"研—学—产"共生网络运行绩效，提升培训效益。

(四)培训项目资源投入

培训项目以中方政府资金投入为主，有中国教育部、农业农村部等政府部门直接下达的项目，也有通过招投标方式的政府采购服务项目，还有广西农业职业技术大学与老挝国立大学农学院立项的培训项目。如培训地点在中国—老挝合作农作物优良品种试验站，老方则负责将培训方案内容上报给上一级农业部门进行备案，同时向拟计划邀请的培训单位发送培训邀请函，协调邀请培训人员、安排场地等；中方则负责制定培训方案，包括具体培训内容制定、邀请培训老师、组织培训开展、撰写培训总结等；如培训地点在中国—东盟农业培训中心，中方则负责制定培训方案，将培训方案上报给上一级部门审批，以及制定具体培训内容、邀请培训老师、组织培训开展、撰写培训总结、对培训进行宣传报道等工作，老方负责选派培训学员、办理培训学员的签证等。培训班资源投入案例见表5-2。

表5-2　中国—东盟农业培训中心部分培训班资源投入

培训项目名称	培训时间	主办单位	承办单位	授课教师	学员人数	经费来源及数额	备注
火龙果种植技术培训	2016年7月18日	广西农业职业技术学院、老挝农林与农村发展研究院、广西壮族自治区标准技术研究院	中国—老挝合作农作物优良品种试验站	广西农业职业技术学院副研究员王世杰、广西智诚农业公司火龙果种植专家韦文会、中国—老挝合作农作物优良品种试验站见习副站长黄国良	60	—	
番茄标准化种植技术培训	2016年10月20日	广西壮族自治区标准技术研究院、中国—东盟农业培训中心、广西农业职业技术学院、老挝农林与农村发展研究院	中国—老挝合作农作物优良品种试验站	广西农业职业技术学院副教授王小欣	60	25 000元	

续表 5-2

培训项目名称	培训时间	主办单位	承办单位	授课教师	学员人数	经费来源及数额	备注
水稻标准化种植技术培训	2016 年 10 月 19 日	广西壮族自治区标准技术研究院、中国—东盟农业培训中心、广西农业职业技术学院、老挝农林与农村发展研究院	中国—老挝合作农作物优良品种试验站	广西农业职业技术学院副研究员王世杰	60	25 000 元	
玉米标准化种植技术培训	2016 年 10 月 20 日	广西壮族自治区标准技术研究院、中国—东盟农业培训中心、广西农业职业技术学院、老挝农林与农村发展研究院	中国—老挝合作农作物优良品种试验站	广西农业职业技术学院高级农艺师李体琛	60	25 000 元	
大棚蔬菜种植技术现场培训	2017 年 7 月	广西外资扶贫项目管理中心、中国—东盟农业培训中心、广西农业职业技术学院、老挝农林与农村发展研究院	中国—老挝合作农作物优良品种试验站	中国—老挝合作农作物优良品种试验站技术员黄国良	20	中国—老挝减贫合作社区示范项目经费 3 200 元	
广西—老挝无公害香蕉栽培技术培训	2018 年 5 月 4 日	中国—东盟农业培训中心、广西农业职业技术学院、老挝农林与农村发展研究院、广西壮族自治区农业科学院农业科技信息研究所	中国—老挝合作农作物优良品种试验站	广西香蕉遗传改良研究室主任李朝生副研究员、广西农业科学院张进忠副研究员	50	南宁市科技局香蕉项目经费 10 000 元	

续表 5-2

培训项目名称	培训时间	主办单位	承办单位	授课教师	学员人数	经费来源及数额	备注
第一期哈密瓜标准化种植技术培训	2018 年 5 月 18—19 日	中国—东盟农业培训中心、广西农业职业技术学院、老挝农林与农村发展研究院、广西壮族自治区标准技术研究院	中国—老挝合作农作物优良品种试验站	中国—老挝合作农作物优良品种试验站技术主管潘文瑚、技术员陈玖忠	50	区标准研究院项目经费 1 1000 元	
柑橘种植管理技术培训	2019 年 3 月 7 日	广西农业职业技术学院、中国—东盟农业培训中心、老挝农林与农村发展研究院	中国—老挝合作农作物优良品种试验站	广西农业职业技术学院胡子有副教授	50	专家授课课酬从学院在职人员绩效工资项目列支，其他项目经费从学院 2019 年区域合作与交流项目列支 5 000 元	
杧果种植管理技术培训	2019 年 4 月 24 日	广西农业职业技术学院、中国—东盟农业培训中心、老挝农林与农村发展研究院	中国—老挝合作农作物优良品种试验站	广西农业职业技术学院傅秀红副教授	50	专家授课课酬从学院在职人员绩效工资项目列支，其他项目经费从学院 2019 年职业教育区域合作工程项目列支 5 000 元	
东盟果树和蔬菜产业发展培训	2019 年 5 月 16—23 日	广西农业职业技术学院、中国—东盟农业培训中心		广西农业职业技术学院杨昌鹏教授、罗英极教授、黄卫萍教授、傅秀红副教授、广西市场监督管理局苏彩和博士等	30	从教育部援外项目专项经费和学院配套经费列支 239 500 元	教育部教育援外项目

续表 5-2

培训项目名称	培训时间	主办单位	承办单位	授课教师	学员人数	经费来源及数额	备注
火龙果标准化种植技术培训	2019 年 9 月 26 日	广西农业职业技术学院、中国—东盟农业培训中心、老挝农林与农村发展研究院	中国—老挝合作农作物优良品种试验站	广西农业职业技术学院欧善生教授	50	专家费从学院绩效工资列支;其他项目经费 6 000 元从区标准研究院项目经费列支	
中国—老挝减贫合作社区示范项目(二期)蔬菜种植技术培训	2020 年 7 月 21 日	广西农业职业技术学院中国—东盟农业培训中心、老挝农林与农村发展研究院、中老国家联合项目管理办公室	老挝华亚金桥农业科技有限公司、中国—老挝合作农作物优良品种试验站	广西农业职业技术学院教师吕峰、中国—老挝合作农作物优良品种试验站技术员陈玖忠	50	从老挝万象市塞塔尼县金花村二期项目大棚种植技术服务项目经费列支 5 000 元	
老挝水稻绿色增产技术推广培训	2020 年 8 月 18—19 日	广西农业职业技术学院中国—东盟农业培训中心、老挝农林与农村发展研究院	中国—老挝合作农作物优良品种试验站	湖南农业科学院水稻研究所阳标仁博士、老挝农林与农村发展研究院水稻研究中心副主任童马博士	250	从“澜湄次区域水稻绿色增产技术试验示范”项目列支 62 000 元	两期培训
澜湄次区域老挝水稻绿色增产技术现场指导暨成果展示推介活动	2020 年 10 月 23 日	广西农业职业技术学院中国—东盟农业培训中心、老挝农林与农村发展研究院	中国—老挝合作农作物优良品种试验站	广西农业职业技术学院吕峰老师、老挝农林与农村发展研究院水稻研究中心副主任童马博士	30	从“澜湄次区域水稻绿色增产技术试验示范”项目列支 3 000 元	
老挝水稻绿色增产技术推广培训	2020 年 10 月 24 日	广西农业职业技术学院中国—东盟农业培训中心、老挝农林与农村发展研究院	中国—老挝合作农作物优良品种试验站	广西农业职业技术学院吕峰老师、老挝农林与农村发展研究院水稻研究中心副主任童马博士	105	从“澜湄次区域水稻绿色增产技术试验示范”项目列支 8 000 元	

续表 5-2

培训项目名称	培训时间	主办单位	承办单位	授课教师	学员人数	经费来源及数额	备注
老挝大棚蔬菜栽培技术培训	2021 年 6 月 15 日	广西农业职业技术学院中国—东盟农业培训中心、老挝农林与农村发展研究院	中国—老挝合作农作物优良品种试验站	广西农业职业技术大学马焕兴、吕峰	60	从试验站经营收入列支 2 000 元	
老挝大豆高效施肥技术培训	2021 年 8 月 25 日	广西农业职业技术学院中国—东盟农业培训中心、老挝农林与农村发展研究院	中国—老挝合作农作物优良品种试验站	广西农业职业技术大学农艺师吕峰	60	从试验站经营收入列支 2 500 元	
畜牧养殖标准化生产东盟培训	2021 年 9 月 22—29 日	广西农业职业技术大学、中国—东盟农业培训中心		广西农业职业技术大学教师团队	30	现代职业教育发展专项-职业教育区域合作工程、教育部援外项目、学校奖励性绩效工资 324 000 元	教育部教育援外项目
老挝杧果标准化种植技术培训	2021 年 9 月 1 日	广西农业职业技术大学中国—东盟农业培训中心、老挝农林与农村发展研究院	中国—老挝合作农作物优良品种试验站	广西农业职业技术大学李志坚、中国—老挝合作农作物优良品种试验站技术员陈玖忠	60	从试验站经营收入列支 2 000 元	
老挝大豆病虫害防治培训	2021 年 11 月 2 日	广西农业职业技术大学中国—东盟农业培训中心、老挝农林与农村发展研究院	中国—老挝合作农作物优良品种试验站	广西农业职业技术学院农艺师吕峰	60	从试验站经营收入列支 2 500 元	

续表 5-2

培训项目名称	培训时间	主办单位	承办单位	授课教师	学员人数	经费来源及数额	备注
老挝万象糯玉米生产技术规程培训	2022 年 8 月 30 日	广西农业职业技术大学中国—东盟农业培训中心、老挝农林与农村发展研究院	中国—老挝合作农作物优良品种试验站	中老试验站老方站长欣坎	60	从中国(广西)—东盟标准化联合研究中心建设与应用示范项目列支 3 500 元	
老挝甜玉米生产技术规程培训	2022 年 8 月 29 日	广西农业职业技术大学中国—东盟农业培训中心老挝农林与农村发展研究院	中国—老挝合作农作物优良品种试验站	中老试验站老方站长欣坎	60	从中国(广西)—东盟标准化联合研究中心建设与应用示范项目列支 3 500 元	
老挝大豆标准化种植技术培训	2022 年 10 月 24 日	广西农业职业技术大学中国—东盟农业培训中心老挝农林与农村发展研究院	中国—老挝合作农作物优良品种试验站	广西农业职业技术大学农艺师吕峰	60	从中国(广西)—东盟标准化联合研究中心建设与应用示范项目列支 4 000 元	
老挝水稻生产全程机械化规程技术培训	2022 年 10 月 29 日	广西农业职业技术大学中国—东盟农业培训中心老挝农林与农村发展研究院	中国—老挝合作农作物优良品种试验站	广西农业职业技术大学农艺师马焕兴	60	从中国(广西)—东盟标准化联合研究中心建设与应用示范项目列支 3 500 元	

三、老挝留学生教育跨国协作关系

(一)留学生培养目标

积极响应“一带一路”教育行动，加强农业职业教育国际特色品牌建设，强化“中文＋农业职业技能”人才培养，为“一带一路”建设培养掌握现代农业专业知识和技术技能、熟练应用汉语、符合市场发展需求、能够服务于中国“走向东盟”企业和老挝当地经济发展的新型高素质农业技术技能人才。

(二)留学生招生历程

广西农业职业技术学院 2018 年起开始利用自身专业优势，吸引境外学生来院留学，

2018 年获批为"广西现代职业教育发展示范项目区域合作试点学校",同年开始招收首批国际留学生,标志着学院充分利用国家政策,国际化办学工作取得重大突破,在学校发展历史上具有重要意义。学校稳定扩大留学生招生规模,留学生人数逐年上升,国别逐步增加,教育层次也得到提升,人才培养实现从专科层次向本科层次的突破,截至 2023 年 12 月,留学生招生人数累计 129 人(含学历生 82 人)。根据高校教育对外开放的相关制度,学校不断进行自查和整改,力争掌握来华留学生教育管理工作的重要环节,不断完善来华留学教育的机制体制。项目进展时间顺序见表 5-3。

表 5-3　广西农业职业技术大学留学生教育发展过程

序号	时间	项目进展情况
1	2018 年 6 月	呈报《广西农业职业技术学院关于办理招收国际学生备案的请示》到广西壮族自治区教育厅对外合作与交流处,获得招收国际学生备案资格,可招收国际学生来校学习。教育厅要求学校按照国家和自治区有关国际学生管理的规章制度,认真做好国际学生的入学、培养、教育和管理等各项工作
2	2018 年 8 月	学校获批为"广西现代职业教育发展示范项目区域合作试点学校"
3	2018 年 10 月	招收首批 23 名来自泰国的国际留学生,标志学校办学国际化工作取得了重大突破。就读专业为酒店管理、旅游管理,留学期限为半年
4	2018 年 10 月	老挝东坎商农业技术学院代表团参加中国—东盟边境职业教育联盟会议,初步与广西农业职业技术学院达成老挝学生来华留学的合作意向
5	2019 年 1 月	首次编订留学生招生和管理办法,印发《广西农业职业技术学院招收和培养国际学生管理办法(暂行)》
6	2019 年 3 月	老挝东坎商农业技术学院副院长赤达空·西沙努送首批老挝东坎商农业技术学院学生(5 人)到学校留学,两校签订《中国广西农业职业技术学院与老挝东坎商农业技术学院合作备忘录》,在领导互访及讲学、师生互访交流、短期培训、派遣留学生、共建广西农业职业技术学院老挝分校等方面达成协议。该批学生就读专业为作物生产技术、园艺技术、动物医学,留学期限为半年
7	2019 年 5 月	老挝东坎商农业技术学院代表团参加由广西农业职业技术学院承办的教育援外项目——东盟果树和蔬菜产业发展培训班,双方加强了合作共识
8	2019 年 9 月	招收老挝东坎商农业技术学院推荐的 46 名留学生,其中 20 名为一年期交流生,26 名为四年制专科生。就读专业为学校"双高"专业群内专业,包括作物生产技术、畜牧兽医。本年度累计招收 51 名老挝留学生,标志着学校继续开创留学教育新局面,实现长期留学生从无到有以及专业多样化
9	2020 年 9 月	招收老挝东坎商农业技术学院推荐的 20 名留学生,均为四年制专科生。就读专业为作物生产技术、畜牧兽医
10	2021 年 9 月	招收老挝东坎商农业技术学院推荐的 20 名留学生,以及老挝占巴塞农林学院推荐的 5 名留学生,25 名学生均为四年期专科生,同时,7 名学生获得广西区政府东盟国家留学生奖学金。就读专业为作物生产技术、畜牧兽医

续表 5-3

序号	时间	项目进展情况
11	2022 年 9 月	学校合并升格为本科院校，从 2022 年起开始招收本科层次的留学生，经越南驻南宁领事馆推荐，招收 2 名越南留学生就读中文国际教育专业，留学期限为 5 年，并获得广西政府东盟国家留学生奖学金
12	2023 年 8 月	完善留学生招生管理办法，印发《广西农业职业技术大学招收和培养国际学生管理办法》，进一步明确招生管理要求
13	2023 年 9 月	经越南驻南宁领事馆推荐，招收 2 名越南留学生就读中文国际教育专业；经老挝教育与体育部、老挝国立大学孔子学院、老挝东坎商农业技术学院推荐，招收 5 名老挝学生就读现代畜牧、作物生产与品质改良专业

留学生招生专业涵盖作物生产技术、园艺技术、畜牧兽医、动物医学等，农业专业占比 75%，突出了以农为特色的留学教育办学目标。学校注重与老挝的教育交流，招收留学生总数为 129 人（表 5-4），其中老挝留学生 101 人，占招生总人数 78%，且老挝留学生均就读农类专业，说明了学校与老挝的农业职业教育合作得到进一步的深化和加强。

表 5-4　广西农业职业技术大学留学生招生汇总

序号	留学期限	人数	生源国	学生类别	就读专业
1	2018.10—2019.3	23	泰国	交流生	酒店管理、旅游管理
2	2019.3—2019.7	5	老挝	交流生	作物生产技术、园艺技术、动物医学
3	2019.9—2020.7	20	老挝	交流生	作物生产技术、畜牧兽医
4	2019.9—2023.7	26	老挝	专科生	作物生产技术、畜牧兽医
5	2020.9—2024.7	20	老挝	专科生	作物生产技术、畜牧兽医
6	2021.10—2025.7	25	老挝	专科生	作物生产技术、畜牧兽医
7	2022.9—2027.7	2	越南	本科生	中文国际教育
8	2023.9—2028.7	8	老挝、越南	本科生	现代畜牧、作物生产与品质改良、中文国际教育
人数总计			129 人（含学历生 82 人）		

（三）留学生招生要求及程序

为规范学校招收、培养、管理国际学生的行为，增强教育对外交流与合作，提高学校国际化水平，根据《广西壮族自治区学校招收和培养国际学生管理规定》，学校制定了《广西农业职业技术大学招收和培养国际学生管理办法》，依照国家有关规定自主招收国际学生。

1. 招生要求

学校招收国际学生，应当遵守中国法律法规和国家政策；维护国家主权、安全和社会公共利益；规范管理、保证质量，严格把握好"入学关"，申请到广西农业职业技术大学留学的学生应具备以下条件：

(1)持有效外国护照或国籍证明文件4年(含)以上，且最近4年(截至入学年度的4月30日前)之内有在外国实际居住2年以上的记录的外国公民，身体健康。

(2)年龄要求在18～25周岁。

(3)对中国友好，遵守中国政府的法律法规，遵守学院的规章制度，无违法乱纪现象。

(4)品行端正，学习态度认真，成绩优良。

(5)应具有相当于中国普通高中毕业的学历。

2. 招生程序

留学生招生工作具体由国际交流与合作处(国际教育中心)负责，其他部门按照职责分工，做好配合工作。

(1)国际交流与合作处(国际教育中心)会同各二级学院，按照国家招生规定及学校确定的招生计划和专业，以及各二级学院的办学条件和培养能力，提出计划后由学校研究并确定国际学生招生计划和专业(上级部门另有规定的除外)。

(2)国际交流与合作处(国际教育中心)制定和公布学校国际学生招生简章，面向老挝合作院校和单位开展招生宣传，请相关单位组织老挝学生报名。

(3)国际交流与合作处(国际教育中心)与老挝东坎商农业技术学院等合作院校共同配合做好留学教育前置合作，加强留学生教育衔接。中方教师通过软件沟通、视频推荐会等形式，向老挝学生介绍学校历史、留学教育资源、国际化专业建设、国际化课程体系、校园环境等情况，展现学校农业职业教育国际化办学特色，吸引更多优质生源。在遴选留学生到中国入学时，老方教师负责在老挝开展留学中国的教育，包括中国和广西法律法规、政策、民俗风情、饮食文化等基本情况，介绍广西农业职业技术大学校情，让报名的学生提前了解今后留学生活中可能遇到的问题，使他们做好充分的心理准备，避免在留学过程中因为中老双方信息沟通不及时或者文化定势以及其他方面的因素造成一些误解和隔阂。

学校招收的101名老挝留学生主要来源于老挝东坎商农业技术学院和占巴塞农林学院，由这两所院校向学校推荐稳定生源，同时还接收老挝教育与体育部、老挝国立大学孔子学院、老挝农林与农村发展研究院推荐的学生。

学校与老挝东坎商农业技术学院和占巴塞农林学院密切协商沟通，了解到老挝当地农业技术和产业化趋势以及老挝留学生对将来回国从事农业行业的自我规划，掌握老挝留学生已经学习的农类课程和公共课程、实际操作技术水平和汉语基础等基本信息后，共同研究制定招生计划，一致同意招生专业以广西农业职业技术学院"双高"专业群为主，重点培养畜牧兽医类别和作物生产类别的留学生，顺利签订了留学生合作培养协议并开展招生工作。

拟申请奖学金的学生需填写奖学金申请表，详细描述自己的学习情况、来华计划等，供学校审核评定。申请表上还设置了是否选择读预科的选项，学校充分尊重学生选择，为有需要进行汉语和学科基础知识学习的学生开设1年预科学习，专科生为“1＋3”学习模式（1年预科＋3年专业学习，总计4年），本科生为“1＋4”学习模式（1年预科＋4年专业学习，总计5年）。

（4）国际交流与合作处（国际教育中心）对报名申请的学生进行入学资格审查。国际学生的录取由学校决定，对不符合招生条件的，学校不得招收。审查资料包括：申请表、护照、健康体检表、毕业证、成绩单、来华学习计划、无犯罪记录证明、推荐信等。

（5）国际交流与合作处（国际教育中心）报送上报文件至广西壮族自治区教育厅对外合作与交流处，在全国来华留学管理服务平台、广西壮族自治区教育厅来华留学管理系统录入相关信息，为留学生办理入境手续文件和来桂学习批件，保证9月留学生新生正常入学。

（6）国际交流与合作处（国际教育中心）向学生发放录取通知书，通知学生在规定时间内来校报到。

（四）留学生教学资源投入

留学生按学校要求缴纳学费，享受中方在校生享有的各类教学资源，学校还为其配套了奖学金、智慧教室、留学生宿舍和专用图书室。2019年下半年第一届老挝留学生到校初期，老方教育与体育部副部长孔习·萨曼尼、老挝东坎商农业技术学院副院长赤达空·西沙努到校检查留学生生活和学习情况，对学校教学资源投入表示满意。

1.学费

根据国办发〔2018〕82号及《关于调整自费来华留学生收费标准的通知》（教外来〔1998〕7号）等文件精神，结合学校留学生培养成本，学校向自治区发展改革委申请备案了自费来华留学生专业收费标准：

畜牧兽医15 000元/（生·年）；

作物生产技术15 000元/（生·年）；

作物生产与经营管理15 000元/（生·年）；

中文国际教育15 000元/（生·年）。

留学生住宿费：根据桂价费字〔2002〕515号、桂价费〔2007〕282号、桂价费〔2011〕33号、桂价费〔2015〕88号，学校制定了学生公寓住宿费收费标准，根据宿舍类型、人均建筑面积、基本设施设备标准的不同，对各区域的学生宿舍设置了不同的收费标准。2024年，留学生所入住的公寓区域住宿费标准为750元/(生·年)。

2. 奖学金

(1)广西农业职业技术大学来华留学生奖学金

学校为提升国际化办学水平，吸引更多外国学生到学校留学，鼓励留学生努力学习，结合实际情况，设立了广西农业职业技术大学来华留学生奖学金。奖学金来源于财政拨款，列入学校年度部门预算，学校国际交流与合作处负责具体组织实施。该奖学金用于奖励在学校留学一学期以上(含)的优秀留学生(包括接受学历教育和非学历教育的学生)。

广西农业职业技术大学来华留学生奖学金分为全额奖学金和学习优秀奖学金两种。

全额奖学金用于奖励在学校留学一学期以上(含)的优秀留学生(包括接受学历教育和非学历教育的学生)，奖学金包括：免交注册费、学费、基本教材费、校内住宿费；提供重大疾病与意外事故保险；从注册取得学籍起开始享受留学生生活费补助，具体标准为每月1 000元，每年发放不超过12个月。其他费用(签证费、居住证费、体检费、国际旅费、水电费、网络费等)由留学生自理。

学习优秀奖学金用于奖励在学校接受学历教育且品学兼优的留学生，该奖学金每学期评定一次(毕业年级不评定)，于下一学期开学初开展评定工作。国际交流与合作处拟订当学期学习优秀奖学金实施方案，报送分管领导审批后组织留学生申请奖学金。留学生优秀奖学金评定等级、成绩要求、名额及奖金参照《广西农业职业技术大学学生奖学金评选办法》(桂农职大学〔2023〕97号)执行(表5-5、表5-6)。

表5-5　评定等级、学习成绩算术平均值及单科成绩最低值要求

等级	考试、考查成绩算术平均值	单科成绩最低值
特等奖学金	≥90分	≥86分
一等奖学金	≥88分	≥80分
二等奖学金	≥85分	≥76分
三等奖学金	≥80分	≥70分

表5-6　留学生奖学金名额及奖金规定

等级	名额	奖金/元
特等奖学金	不设名额限制	900
一等奖学金	按班级人数的4%计	600
二等奖学金	按班级人数的10%计	500
三等奖学金	按班级人数的15%计	400

(2)广西政府东盟国家留学生奖学金

为进一步吸引和鼓励更多东盟国家留学生来桂学习,扩大东盟国家留学生规模,促进广西教育国际化的发展,广西壮族自治区政府设立了广西政府东盟国家留学生奖学金,奖学金来源于自治区本级财政拨款,列入自治区教育厅年度部门预算,由自治区财政厅、自治区教育厅共同管理,自治区教育厅负责具体组织实施,每年由教育厅分配奖学金名额至各个高校。

广西农业职业技术大学根据名额开展招生工作,累计有12名老挝留学生和4名越南留学生获得该奖学金。每年每个学生预计投入2.96万元,16名学生中,7名专科留学生学习时间为4年(预科1年+专业3年),9名本科留学生学习时间为5年(预科1年+专业4年),总投入约为216万元。奖学金包括学费、住宿费,奖学金生学费标准参照学校自费来华留学生专业收费标准进行结转,每学年从"广西政府东盟国家留学生奖学金"专项经费转入学校账户,并上缴财政专户。

3. 教学硬件投入

(1)留学生智慧教室

为探索国际化新型教学模式,开展新型教学活动,学校在2019年为留学生教学专门建设了智慧教室(图5-2),以支撑多种创新的教学模式和教学形态。留学生智慧教室包括:便携式会议系统、远程教学交互系统、直录播平台系统等,累计投入194.98万元。留学生一致反映满意教学环境,并对中国科技现代化、教育现代化有了直观的认识。留学生智慧教室除了供留学生日常教学外,还用于文化交流活动和开展国际会议。

图5-2 老挝留学生在智慧教室上汉语课

(2)留学生宿舍

学校最初选定校内一栋2层的宿舍(共18间宿舍,可供72名学生入住)作为留学生宿舍使用,配备空调、热水器、饮水机、床等基础设施,总计投入19.768万元。

而留学生规模逐步扩大,为更好满足留学生在校学习生活需要,提供良好的后勤服务,进一步优化宿舍环境,2020年9月,学校选定一栋4层宿舍为新的留学生宿舍(共40间宿舍,可供176名学生入住),并完成改造升级工作,为学校扩大留学生招生规模奠定了基础。改造升级工作包括采购空调、热水器、人脸识别系统、一体式家具等一系列设施设备等,总计投入73.7015万元。

(3)留学生专用图书室

为充实留学生课后学习生活,提升留学生自主探索能力,学校为留学生搭建图书室1间,采购一批图书共计30717.9元,主要是中国概况类、字典类和汉语学习类的书籍。

四、老挝分校建设跨国协作关系

(一)老挝分校建设目标

广西农业职业技术大学与老挝东坎商农业技术学院于2022年10月签署《广西农业职业技术大学老挝分校建设项目合作协议书》,规定项目合作期限为5年,后期视项目建设情况再续签协议。老挝分校利用中老双方教育资源,根据老挝当地人才需求,实施专科学历教育,开展职业技能教学、汉语教学以及文化交流,培养具有“汉语+职业技能”的高素质人才,为老挝农业发展和社会发展提供优质的人力资源支持,服务于“一带一路”和人类命运共同体建设。

老挝分校的人才培养目标为:紧紧围绕“服务‘一带一路’,对接发展需求,发挥优势特色,立足农业发展,多方合作育人”的办学宗旨,培养熟悉并认同中老文化、具备老挝语、汉语两种语言能力,通晓两国基本法律法规,适应老挝农业现代化发展和中国企业发展的高素质农业技术技能型人才,提升学校对外办学水平和国际影响力,更好实施职业教育“走出去”战略。

(二)老挝分校建设历程

广西农业职业技术大学老挝分校自2019年起开始筹建,以2019年中国—东盟博览会期间时任老挝教育与体育部副部长孔习·萨曼尼一行来我校访问交流为契机,双方初步达成与老挝东坎商农业技术学院合作,成立联合办事处的一致意见,次年取得了老挝教育与体育部支持两校挂牌成立联合办事处的官方批文。后历经两年疫情阻滞,于2022年10月18日两校签署《广西农业职业技术大学老挝分校建设项目合作协议书》,

并举行分校云揭牌仪式，2023 年分校首期正式招生 50 人，具体建设历程见表 5-7。

表 5-7　广西农业职业技术大学老挝分校建设历程

序号	时间	项目进展情况
1	2018 年 12 月	老挝东坎商农业技术学院代表团参加中国—东盟边境职业教育联盟会议，初步与广西农业职业技术学院达成老挝学生来华留学的合作意向
2	2019 年 3 月	老挝东坎商农业技术学院副院长赤达空·西沙努送首批老挝东坎商农业技术学院学生到广西农业职业技术学院留学，两校签订《中国广西农业职业技术学院与老挝东坎商农业技术学院合作备忘录》，在领导互访及讲学、师生互访交流、短期培训、派遣留学生、共建广西农业职业技术学院老挝分校等方面达成协议
3	2019 年 5 月	老挝东坎商农业技术学院代表团参加由广西农业职业技术学院承办的教育援外项目——东盟果树和蔬菜产业发展培训班，双方加强了合作共识
4	2019 年 9 月	广西农业职业技术学院招收了 46 名来自老挝东坎商农业技术学院的留学生，积累了面向老挝学生的办学经验。同一时期，老挝教育与体育部副部长孔习·萨曼尼一行、老挝东坎商农业技术学院代表团参加中国—东盟职业教育联展暨论坛，并来访广西农业职业技术学院，初步沟通建立老挝分校的相关事项
5	2019 年 12 月	由广西农业职业技术学院牵头召开的中国—东盟农业职业教育交流会在南宁召开，老挝教育与体育部对外关系司副司长诺坎·占塔布莉、职业技术教育司副司长本鹏·颂占玛翁出席会议。老挝东坎商农业技术学院、老挝甘蒙职业技术学院、老挝占巴塞农林学院等 11 所东盟涉农院校和 19 所国内涉农院校参加会议。会议继续沟通了建立广西农业职业技术学院老挝分校的相关事项，达成合作共识。老挝东坎商农业技术学院积极办理建立分校的申请手续，老挝教育部与体育部也给予高度支持，副部长孔习·萨曼尼、职业技术教育司、对外关系司签发批文，同意在老挝东坎商农业技术学院成立两校的联合办事处，共同推进老挝分校筹建工作
6	2022 年 10 月 12 日	广西农业职业技术大学召开 2022 年第 13 次党委常委会议，审定了广西农业职业技术大学老挝分校筹建工作相关事宜
7	2022 年 10 月 18 日	广西农业职业技术大学与东坎商农业技术学院签署广西农业职业技术大学老挝分校合作协议书，同时举行揭牌仪式
8	2023 年 5 月 31 日	广西农业职业技术大学 2023 年第 10 次党委会审定通过了《广西农业职业技术大学老挝分校项目实施备忘录》《老挝分校 2023 级畜牧兽医专业人才培养方案》《老挝分校 2023 级作物生产与经营管理专业人才培养方案》《老挝分校 2023 年招生简章》等，老挝分校建设取得实质性进展
9	2023 年 6 月 21 日	广西农业职业技术大学 2023 年上报文件（桂农职大报〔2023〕58 号）中关于报送境外办学项目情况的报告，为贯彻落实《广西教育发展"十四五"规划》，提升教育开放合作水平，计划从 2023 年起开始招生

续表 5-7

序号	时间	项目进展情况
10	2023 年 9 月	2023 年 9 月 28 日，广西农业职业技术大学召开 2023 年第 22 次党委常委会，会议同意《广西农业职业技术大学老挝分校项目委托实施协议书》，要求国际交流与合作处按要求办理协议书签署等有关事项，加快推进老挝分校各项工作。同期，广西农业职业技术大学与老挝东坎商农业技术学院、广西八桂农业科技有限公司、老挝八桂农业科技有限公司签订《广西农业职业技术大学老挝分校项目委托实施协议书》
11	2023 年 10 月	按招生简章要求顺利招收 50 名老挝分校学生，并按人才培养方案在老挝东坎商农业技术学院正常开展学历教育教学工作
12	2023 年 12 月	取得老挝教育与体育部部长签发第 1986 号支持两校办学（开展学历教育课程）的批文，同期举行老挝分校开学典礼

2019 年以来，广西农业职业技术大学与老挝东坎商农业技术学院及老挝教育与体育部职业教育司具体沟通过程见表 5-8。

表 5-8　广西农业职业技术大学与老挝方沟通过程

序号	时间	沟通对象	沟通内容
1	2019 年 10 月 30 日	东坎商农业技术学院 ↓发函 老挝教育与体育部职业教育司	申请成立广西农业职业技术学院驻老挝东坎商农业技术学院联合办事处
2	2019 年 11 月 29 日	老挝教育与体育部职业教育司 ↓提出申请 老挝教育与体育部部长	请求批准成立联合办事处，教育部副部长孔习・萨曼尼于 2019 年 12 月 10 日签字同意，要求职教司与对外关系司协调做好联合办事处的相关工作
3	2019 年 12 月 23 日	老挝教育与体育部职业教育司 ↓发函 对外合作司	请求批准成立联合办事处
4	2019 年 12 月 25 日	对外合作司 ↓报告 老挝教育与体育部部长	报告中国—东盟农业职业教育交流会及两校洽谈情况
5	2020 年 3 月 10 日	对外合作司 ↓回复 老挝教育与体育部职业教育司	同意成立两校办事处的申请
6	2020 年 3 月 16 日	老挝教育与体育部职业教育司 ↓通知 东坎商农业技术学院	同意与广西农业职业技术学院成立联合办事处
7	2020 年 9 月—2022 年 9 月	广西农业职业技术大学 ↓↑沟通 东坎商农业技术学院	受疫情影响，两校只能线上沟通老挝分校章程、合作协议、人才培养方案等其他分校建设材料

续表 5-8

序号	时间	沟通对象	沟通内容
8	2022 年 10 月 18 日	广西农业职业技术大学 ↓↑共同组织 东坎商农业技术学院、 老挝教育与体育部职业教育司	与东坎商农业技术学院签署分校合作协议，举行分校揭牌仪式，职业教育司副司长参与见证
9	2022 年 11 月 28 日	广西农业职业技术大学 ↓提出申请 老挝教育与体育部职业教育司	申请批准广西农业职业技术大学老挝分校合作协议；同意 2023 年分校开展招生与教学；承认分校毕业生的学历
10	2022 年 11 月 29 日	老挝教育与体育部职业教育司 ↓批复 东坎商农业技术学院	职业教育司出具广西农业职业技术大学老挝分校的指导意见：广西农业职业技术大学和东坎商继续保持教育合作关系，但是暂缓在老挝成立分校
11	2022 年 12 月 21 日	广西农业职业技术大学 ↓发函 东坎商农业技术学院	发函请东坎商农业技术学院提供广西农业职业技术大学老挝分校 2023 年招生工作指导意见
12	2022 年 12 月 26 日	东坎商农业技术学院 ↓回复 广西农业职业技术大学	向广西农业职业技术大学回复，说明职业教育司的建议不影响两校按协议执行 2023 年招生，两校教育合作可以正常进行

(三)老挝分校招生要求及程序

1. 招生条件

老挝分校主要招收高中毕业或具有同等学力的老挝学生，入学时须具备以下条件：

(1)身体健康，年龄在 18～25 周岁。

(2)通过老挝高中教育主管部门授权的考试，成绩合格并获得老挝高中毕业证书。

2. 招生流程

由广西农业职业技术人学老挝分校校长办公室负责招生工作，招生流程如下：

(1)按照老挝教育与体育部的要求，由中方拟定每届的奖学金生招生计划，以公函形式发送给老方。

(2)老方将招生计划提交至老挝教育与体育部申请招生许可。

(3)老方获得招生许可后，发放招生公告，组织有意向报名学生填写《广西农业职业技术大学老挝分校学生学习申请表》。

(4)学生自行将《广西农业职业技术大学老挝分校学生学习申请表》原件及高中毕业证、成绩单、无犯罪记录证明等材料交到老挝东坎商农业技术学院招生办公室。

(5)招生办公室审核申请材料,挑选成绩合格的学生统一组织面试,并将面试成绩前50名的学生名单上报至老挝分校理事会审核。

(6)理事会审核通过后,老挝东坎商农业技术学院招生办公室发布录取公告。

(7)已录取的学生在规定时间内到老挝东坎商农业技术学院招生办公室报到。

(四)老挝分校教学管理及资源投入

1.理事会

老挝分校设理事会,负责分校办学工作的统筹规划、综合协调和宏观管理。理事会由5人组成,设理事长1人、副理事长2人、理事会成员2人。理事长由广西农业职业技术大学校长担任,副理事长由老挝东坎商农业技术学院院长和广西农业职业技术大学副校长担任,理事由老挝东坎商农业技术学院副院长和广西农业职业技术大学教务处处长担任。

2.行政管理

老挝分校实行理事会管理下的校长负责制,分校校长由广西农业职业技术大学校长担任,副校长由老挝东坎商农业技术学院院长担任。中老双方分别设立老挝分校办事处,两方办事处成员包括国际交流、教学、财务、学生管理等处室领导,配合分校校长做好分校的教育与管理工作。

3.中方责权

(1)负责学生来华学习期间的教学和管理,提供实训基地供学生实训学习。

(2)根据每年的实际情况,制定老挝分校招生计划并在每学年开学前提供给老方,并按奖学金生招生方案发放奖学金。中方在制定招生计划和奖学金方案时,老方应协助中方提供必要的当地信息。

(3)选派汉语教师和部分专业课教师赴老方校区开展联合教学,选派教师人员名单由双方协商确定。

(4)配合老方共同制定人才培养方案、课程计划等,共同选定教材,承担中文教学和部分专业课教学,并接受老挝教育与体育部的监督检查。

(5)为老方教师提供培训与进修机会,并负责老方教师在中方校区期间的食宿和培训费用。

(6)酌情向学生提供一定的生活补助,补助标准按招生简章执行。

(7)负责组织学生在中方校区的教学与考试,并对学习期满成绩合格,达到甲乙双方毕业要求的学生颁发中国教育部承认的专科学历毕业证书。

4. 老方责权

(1)提供教室、办公室、学生宿舍、教师宿舍及其他教学场所。

(2)按照中方提供的奖学金生招生计划,向老挝教育与体育部申请招生许可,发放招生公告并挑选合格的老挝分校学生。

(3)制定老方教学期间的教学计划,并安排甲乙双方教师的教学任务。

(4)负责学生在老方期间的教学管理和校园安全管理工作,确保学生生命财产安全。

(5)负责组织学生在老方校区的教学与考试,并对学习期满成绩合格的学生出具成绩合格证明。待学生完成中方课程,达到双方毕业要求后,颁发老挝教育与体育部承认的专科学历毕业证书。

(6)做好与老挝教育与体育部等上级部门的联络工作,争取政府政策支持,并及时将老挝的法律政策等信息告知中方。

5. 经费投入及分配

(1)分校的办学经费,主要来源于财政拨款经费、社会捐款、学生缴纳的学费及其他费用。分校的财政拨款经费,由联合办学双方的财政部门按比例拨付。

(2)按照中国、老挝的有关政策要求,建立健全分校财务管理制度,做好经费安排,落实分校的财务管理人员。

(3)学生在老方学习期间,老方收取的学费、教材费和其他费用,由老方按照相关规定执行,归老方所有。产生的支出,也由老方自行负责。学生在中方学习期间,中方收取的学费、教材费和其他费用,由中方按照相关规定执行,归中方所有。产生的支出,也由中方自行负责。涉及共同收入和支出的,由双方共同协商解决。

(4)在老挝东坎商农业技术学院收取的学费和其他费用,以当地货币单位(基普)计收。在广西农业职业技术大学收取的学费和其他费用,以人民币计收。涉及分校外汇账户及其他外汇收支活动的,应当遵守国家外汇管理规定。

(5)分校收取的费用应当主要用于教育教学活动和改善办学条件。学生在老挝学习期间,须缴纳学费、注册费、住宿费、教材费、保险费等费用,中方给予每人每月不少于500元的奖学金,在中国学习期间,免除以上费用,学生每月获得足额奖学金1 000元。据测算,首届50名学生在老挝学习4个学期期间的教材资料费、教师课酬、学费和生活补贴、班主任津贴、保险费、教室和宿舍水电费等分校运行保障支出达到99.54万元。

(6)学生在老挝东坎商农业技术学院使用的固定资产,由老挝东坎商农业技术学院负责,归老挝东坎商农业技术学院所有;学生在广西农业职业技术大学使用的固定资产,由广西农业职业技术大学负责,归广西农业职业技术大学所有。其资产性质为所属国的固定资产。

第二节 中国—老挝农业职业教育合作实施流程规范

广西农业职业技术大学依据“技术标准-培训标准-产业应用”研学产融合递进链，统筹推进中国—老挝合作农作物优良品种试验站、中国—东盟农业培训中心、留学生教育、老挝分校建设等合作进程，与老方协调制定技术人员和师资培养、育训资源开发、教学管理等工作的依据、流程、规则等。首先，农业技术标准——“研”点对点共生，学校与老挝农林与农村发展研究院等“点对点”协作开展农业新品种试种与筛选、生产，现代种植技术研究与示范，农业新品种和种植技术推广等工作，推进中国技术老挝本地化，研发老挝农业新技术新品种；其次，农业职教标准——“研—学”连续共生，学校将新技术新品种物化为老挝农业人才培训、留学生教育标准，试验站接收老挝农技人员开展培训，同时，广西农业职业技术大学中国—东盟农业培训中心接收老挝农业人员、留学生培训和学习；最后，本地产业应用——“研—学—产”一体化共生，随着中老铁路、RCEP 中老农业投资与贸易发展，企业深度参与中国—老挝合作农作物优良品种试验站建设以及留学生教育，学校与老挝东坎商农业技术学院在老挝建设老挝分校，以充分满足中资农业企业的人才需求。

一、中国—老挝合作农作物优良品种试验站建设流程规范

（一）技术和管理人员遴选、培养

中国—老挝合作农作物优良品种试验站日常运营中，中方工作人员包括广西农业职业技术大学教师累计 8 人，在试验站实习后留站工作的广西农业职业技术大学毕业生累计 9 人，一直确保中方至少有 2 名工作人员长期驻站开展项目建设工作。老方工作人员有老挝农林与农村发展研究院水稻研究所、玉米研究所、经济作物研究所等研究人员 10 人。试验站要求这些中老技术人员达到以下素质要求：

（1）教育背景：通常要求具有农业相关专业专科以上学历，有时还需要特定的农业技术培训经历。

（2）技术能力：包括农业生产、作物种植、养殖技术等方面的专业知识和实际操作能力。

（3）职业素养：包括工作责任心、团队合作能力、沟通能力等方面的素质要求。

（4）认证资格：需要通过相关的职业技能认证或资格考试（如农艺师、兽医师等）。

（5）语言能力：通过试验站实地工作后，能掌握基本中文、老挝语对话技能。

(二)技术研发、标准制定

(1)前期调研:试验站根据老挝当地紧缺的技术进行调研,与合作单位老挝农林与农村发展研究院沟通,了解需求情况,找到技术研发和标准制定的切入点。

(2)技术研发:基于调研及沟通的结果,进行技术研发。这包括进行种植生产研究、试验田实践、记录数据,分析数据等活动,以寻找适合农业生产的新技术或改进现有技术。

(3)合作与创新:试验站与老挝当地农业科研机构、大学或企业合作,共同开展技术研发工作。同时,也可以通过试验站内部技术团队开展自主研发。

(4)标准制定:在技术研发的基础上,试验站需要制定相应的标准,涉及种植技术标准、生产流程标准、用肥用药标准等。这一过程需要与老挝当地相关部门协商,确保标准符合法律法规,并获得行业认可。

(5)测试验证:研发完成后,需要进行测试和验证,通过实践不断地进行完善,确保技术和标准的可行性。

(6)推广应用:技术和标准通过认定,就可以在当地开始推广应用,并寻求合作伙伴支持,共建示范推广点。

(三)减贫项目建设

2015年,为推进"一带一路"建设和对外减贫合作,中国国际扶贫中心和广西外资扶贫项目管理中心委托广西农业职业技术学院,依托中国—老挝合作农作物优良品种试验站在老挝首都万象北部的金花村建设中老合作社区减贫示范项目。该项目开展了大棚有机蔬菜和有机水稻的种植并提供技术培训,还建设了村级活动中心,其设计、建设和管理遵循以下原则:

(1)需求导向原则:以项目社区实际需求为导向,设计项目和建设内容、规模。

(2)合作原则:项目的实施必须建立在中老合作的基础上,老挝方要充分参与,不能做成"交钥匙工程",项目受益政府和村民要为项目的实施提供管理协助、劳务投入、建设用地等,增强受援方的主体意识和主人翁责任。

(3)可持续原则:项目的设计、管理必须基于可持续原则,从技术方案、运行机制和管理能力方面保障项目建成后,能够长期运行,发挥持久效益。

(4)环境保护原则:项目的技术措施、设计方案,包括建筑材料的选择,避免对自然环境、生态植被等造成直接或潜在的威胁。

(5)关注妇女、孤寡老人等弱势群体原则:项目扶持对象的选择要向孤寡老人、极度贫困人口倾斜,关注妇女在项目中是否切实受益,提高她们的自我发展能力和社会地位。

广西农业职业技术大学以中国—老挝合作农作物优良品种试验站为平台，持续向老挝提供农业技术支持，深化中老农业和减贫合作，促进共同发展，进一步推广中国先进适用技术，帮助老挝加强农业能力建设，增加当地民众收入，为推动老挝可持续发展作出贡献。

(四)行政管理

1. 日常运行

为了试验站建设工作有效实施，达到合作备忘录的目标，老挝农林部任命了试验站的指导委员，并于2013年12月9日颁发了协调管理的条令(编号:2463/农林部)。老方通过跟踪调查，发现建设过程中必须有一部分人员与中方密切协调沟通，据此，老挝农林与农村发展研究院院长于2017年10月27日颁发任命条令(编号:1780)同意任命协调人员并制定试验站的职责。

中老双方根据签订的合作备忘录开展工作，安排年度和月度工作计划。为沟通项目建设内容、进度、管理等，每周一开一次工作例会，协调工作中遇到的实际问题，及时商量解决对策。工作一般通过翻译人员进行通知，按照双方签订的合作备忘录分工情况和工作计划进行每周、日的具体任务安排，确保中老双方每人分工明确，工作有任务和目标，同时做到分工不分家，遇到工作问题中老双方相互协调沟通，寻求最优解决方案，确保工作正常开展。老挝农林部翻译人员主要工作是翻译双方相关文件材料，日常工作交流及老方行政事务管理。同时规定，可按实际需求聘请老挝农民临时工，主要工作是进行大田种植生产，费用约人民币38元/(天•人)(人民币兑换老币汇率约为1:3 200，2024年6月数据)。

2. 规章制度

(1)财务管理:规范试验站财务收支，建立健全财务管理制度，保证经费使用合规、透明。

(2)人力资源管理:建立健全试验站的人员管理制度，包括招聘、培训、考核和激励机制，保障人员队伍稳定和专业化。

(3)实验生产研究管理:规范试验站实验生产研究活动，包括实验设计、数据采集分析和成果报告，确保研究工作的科学性和可靠性。

(4)设备和资产管理:建立试验站设备和资产台账，定期进行维护保养和资产清查，确保设备和资产的安全和有效利用。

(5)安全与环境管理:制定试验站安全生产和环境保护制度，加强安全教育培训，保障员工人身安全和实验环境的安全。

(6)行政文件管理:建立健全试验站的行政文件管理制度,包括文件起草、审批、备案和归档,规范文件流转和管理程序。

二、老挝农业人才培训实施流程规范

(一)培训师资遴选、培养

学校针对来华老挝农业技术人员培训,根据不同培训内容选择不同师资建立“教授+企业家+职业农民”培训师资库,充分满足培训需求。培训师资库包括高校教师、农业科研单位专家、农业企业高层管理人员等,其中职业农民在新农村田间地头授课,能充分拉近与老挝基层农业技术人员的距离,为他们在老挝发展现代农业提供典型案例和学习榜样。学员反映能更好地接受和理解各项知识,学习技能又快又好。

广西农业职业技术大学向相关专业教师开展老挝语、英语等外语培训,提升学校中青年骨干教师对外交流的能力与水平,从中选拔优秀的培训师资队伍。为了储备中国—东盟农业培训中心专业师资,提高专业教师的语言沟通能力,2020 年 12 月至 2021 年 2 月,广西农业职业技术大学共邀请了 8 名广西民族大学老挝语授课教师开展了 3 期老挝语培训班。此次培训班共计培训了 15 名专业教师,培训总时长为 296 课时(表 5-9)。培训结束后,受训教师了解了老挝的基本社会情况和人文风俗,可以用老挝语进行简单的交流,打破了交际的第一道障碍。

表 5-9　老挝语培训班情况

培训班批次	授课教师/人	授课教师单位	授课教师专业	培训内容	培训课时
1	8	广西民族大学	老挝语	老挝语音	58
2				老挝语音、老挝会话	110
3				老挝会话	130
合计					296

同时,针对在中国—老挝合作农作物优良品种试验站开展的本地化培训中存在的老挝专业化农业培训队伍过少、培训教师知识技能水平不高等问题,学校与老挝农林与农村发展研究院、老挝国立大学农学院、东坎商农业技术学院等单位充分交流,配合老方开展农业师资培训,接受老挝农业教师到中国参加师资培训班,提升其技术水平和教学能力,增强老挝农业培训技术人员自身造血功能。

(二)培训课程资源开发

老挝农业相对落后,很多农业技术知识对老挝农业技术人员来说是陌生的,枯燥的理论知识让他们难以理解。培训过程中结合老挝的实际情况设置课程,确定了老挝农业技术人员培训课程内容。培训课程内容主要以"中国—老挝合作农作物优良品种试验站"成功试种,且适合在老挝推广种植的优良农作物种植技术为主,例如火龙果、哈密瓜、水稻、玉米、有机蔬菜等标准化种植技术。把当前最新的农业技术融入授课教师最新的科研成果中,使老挝农业技术人员更易于理解。通过给学员打造一个全实景、讲练一体的学习环境,将培训课堂搬到示范种植基地,依托中国—老挝合作农作物优良品种试验站、广西现代农业技术展示中心、种子生产与经营实训基地等场站,以及广西金穗公司等农业龙头企业开展教学活动,观摩和部分参与基地中正在开展的作物育种、植物保护、动物疫病防治等不同类型的农业科研项目,学员能接触到前沿农业专业知识,短期高效培养其专业技术技能,让老挝农业技术员听得懂、学得会、用得着。

1. 面向东盟国际化职业教育资源

"十四五"期间,广西壮族自治区教育厅将遴选建设具有广西特色的职业教育"外语+"国际化课程100门、教材(含培训教材)100种、培训资源包200个,开展跨国(境)远程教学,深化中国和东盟国家在技术技能、教学改革和科技应用等方面的交流和合作,全面提升中国—东盟职业教育开放合作水平。其中,广西农业职业技术大学共获得"养猪与猪病防治"等4项国际化培训资源包立项(表5-10)。学校开发的系列涉农类教育资源将应用于中国—东盟农业培训中心的培训工作中,丰富培训资料,学员可以随时学习、复习,更大程度提升学习拓展度和灵活度。

表5-10 涉外培训资源包获自治区级面向东盟国际化职业教育资源认定表

序号	立项年份	类型	层次	资源/内容名称	负责人
1	2022	国际化培训资源包	高职	养猪与猪病防治	覃 军
2	2022	国际化培训资源包	高职	陆羽遗风——茶艺师培训资源包	林 捷
3	2023	国际化培训资源包	高职	养禽与禽病防治技术	王树艳
4	2023	国际化培训资源包	高职	牛羊消化系统常见疾病诊治技术	谢 江

来源:《自治区教育厅关于公布2022年面向东盟国际化职业教育资源认定结果的通知》(桂教职成〔2022〕2号)、《自治区教育厅关于公布2023年面向东盟国际化职业教育资源认定结果的通知》(桂教职成〔2023〕39号)。

在学习过程中,老挝留学生更倾向于图文并茂、绘声绘色的课堂模式。国际化培训资源包不仅内容丰富,还可以突破传统的教学模式,实现情境教学。通过在课堂中引入国际化培训资源包,可以明显促进留学生的学习效果,以下分别以"养禽与禽病防治技术"和"牛羊消化系统常见疾病诊治技术"2项国际化培训资源包作为案例展开介绍。

案例5-1

“养禽与禽病防治技术”国际化培训资源包

“养禽与禽病防治技术”是高职高专畜牧兽医专业的一门实践性较强的专业核心课。为了实现培养养禽业高素质劳动者和高技能型人才的目标，本课程按照实际养禽生产过程充分将理论知识与实践技能相结合，突出和强化养禽和禽病防治生产实用技术，满足技能提升的培训需求，为畜牧兽医相关专业师生和广泛社会学习者提供有效的参考。累计页面浏览量超过24.9万人次，选课人数超过700人，累计互动次数超过545次。

通过“养禽与禽病防治技术”的课程学习，学习者将掌握雏鸡的饲养管理、育成鸡饲养管理、肉鸡的饲养管理、雏鸡的环境管理、种蛋的管理、雏鸡的雌雄鉴别等技术能力及如何有效预防禽常见病。通过本课程的学习，学习者了解到现代化养禽模式的新技术、新工艺、新标准、新规范，提升对“养禽和禽病防治技术”的理解及技能，该资源包已应用于留学生实训课教学(图5-3)。

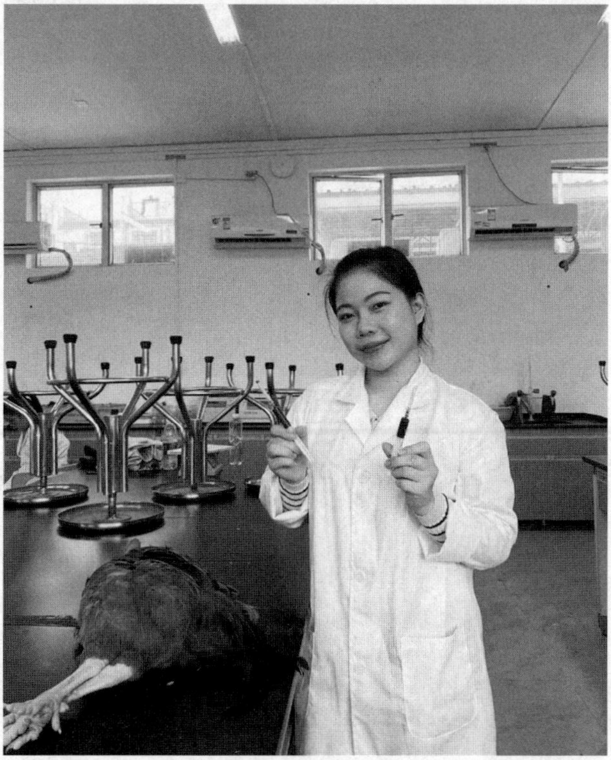

图5-3 老挝留学生在实训课中给禽类抽血

案例5-2

"牛羊消化系统常见疾病诊治技术"国际化培训资源包

"牛羊消化系统常见疾病诊治技术"基于牛羊动物养殖过程中常见的消化系统疾病诊治，对接全国执业兽医资格考试大纲，整合动物医学专业核心课"兽医临床诊疗技术"和"动物内科"相关内容构建，涵盖了临床发病率高、占比大的7种疾病和进行诊疗所需的技能。通过颗粒化资源建设，对临床常见疾病进行针对性地学习。累计页面浏览量超过21.15万，选课人数超过586人，累计互动次数超过1 761次。

通过"牛羊消化系统常见疾病诊治技术"的课程学习中，学习者将学会如何评估牛羊健康状况，对消化系统进行针对性检查，能进行消化系统多发疾病的诊治，可胜任饲养员、技术员、兽医等牛羊养殖企业的相关岗位，该资源包已应用于留学生实训课教学(图5-4)。

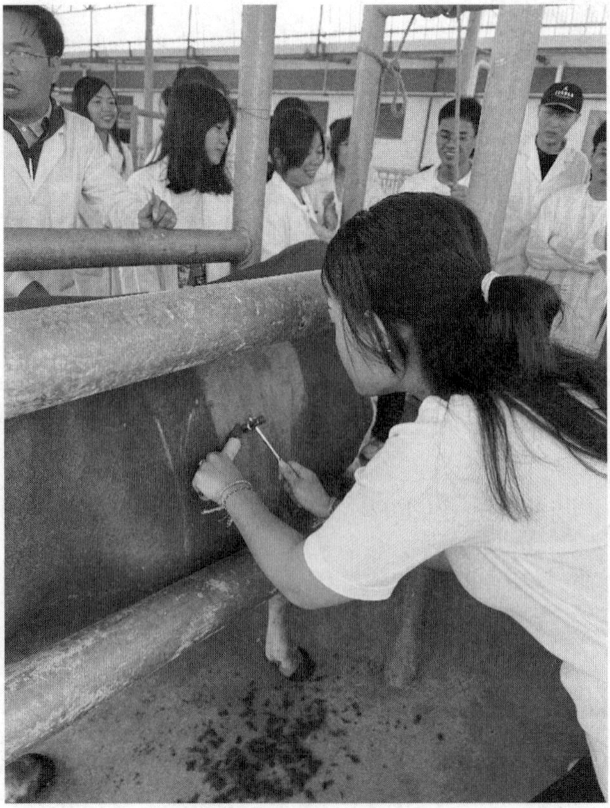

图5-4 老挝留学生在实训课中给牛检查疾病

2.老挝国家职业标准共建项目

广西农业职业技术大学作为牵头单位建设第一批“老挝国家职业标准开发项目”畜牧兽医技术员 IVET3 和水产养殖技术员 IVET4。

(1)畜牧兽医技术员职业标准大纲

IVET-1 和 IVET-2 为操作员,IVET-3 为技术员,IVET-4 为高级技术员。每个级别都有动物饲养管理模块、动物繁殖技术模块、动物疫病检验检疫模块、动物疫病防治模块共 4 个模块,不同级别内容广度与深度不同,对应岗位技术技能要求也不同,岗位一般是从事畜牧生产、兽医防疫、技术推广及服务活动的人员。老方人员培训 6 个月可考取畜牧兽医技术员 1 级证书,培训 12 个月可考取 2 级证书,培训 2 年可考取 3 级证书,培训 3 年可考取 4 级证书。该项职业标准大纲由广西农业职业技术大学牵头,常德职业技术学院参与开发 IVET-3 技术员等级标准。IVET-3 模块介绍见表 5-11。

表 5-11 老挝畜牧兽医技术员职业标准 IVET-3 大纲模块

等级	模块名称	模块内容
IVET-3(技术员)	1.动物饲养管理模块	1.1 动物的饲养
		1.2 生产管理
		1.3 环境调控
	2.动物繁殖技术模块	2.1 种畜饲养管理
		2.2 发情控制与发情鉴定
		2.3 人工授精
		2.4 妊娠与分娩
	3.动物疫病检验检疫模块	3.1 活体检验
		3.2 胴体检验
		3.3 消毒
	4.动物疫病防治模块	4.1 养殖场卫生控制
		4.2 预防接种
		4.3 采集、运送病料
		4.4 药品与医疗器械的使用

(2)水产养殖技术员

水产养殖技术员 IVET-1、IVET-2、IVET-3、IVET-4 是一个循序渐进的过程,适用于不同层次的职业需求。1 级职业标准对应水产养殖技术员具有一般的鱼类解剖常识、水质观测常识、饲养管理常识。对应的职业岗位是一线水产养殖饲养员。2 级职业标准对应水产养殖技术员具有水产动物基本的动物解剖、水质检测、饲喂管理等技能。对应的职业岗位是一线水产养殖技术员。3 级职业标准对应水产养殖技术员具有水产动物较全面的动物解剖、水质调控、鱼苗繁殖和培育、饲养管理和加工技术技能。对应的职业岗位为资深水产养殖技术员。4 级职业标准对应水产养殖技术员应具有全面的动物组织与解剖、水质调控、鱼苗繁殖与培育、水产动物疾病防控、养殖饲养管理和规划等技术技能。对应的职业岗位为水产养殖技术职业经理。该项职业标准大纲由广西农业职业技术大学牵头，常德职业技术学院参与开发 IVET-4 高级技术员等级标准。IVET-4 模块介绍见表 5-12。

表 5-12　老挝水产养殖技术员职业标准 IVET-4 大纲模块

等级	模块名称	模块内容
IVET-4（高级技术员）	1. 常见水质指标测定	1.1　水温的测定方法
		1.2　溶解氧的测定方法
		1.3　pH 的测定方案
		1.4　氨氮的测定方法
		1.5　透明度的测定方法
	2. 鱼类的形态特点及功能	2.1　鱼类的体型
		2.2　鱼类鳍的功能
		2.3　鱼类侧线的功能
		2.4　鱼类鳃的结构特点
		2.5　鱼类胃的分类
		2.6　鱼类肝脏的特点
	3. 鱼类的饵料与营养	3.1　鱼类的食性分类
		3.2　鱼粉的主要特点
		3.3　蛋白质在鱼体中的功能
		3.4　脂肪在鱼体中的功能
		3.5　糖类在鱼体中的功能
	4. 养殖场所的准备	4.1　各种功能池塘的分类
		4.2　池塘修整
		4.3　池塘清塘
	5. 鱼苗的繁育	5.1　鱼种的雌雄鉴别
		5.2　人工授精方式
		5.3　受精卵孵化的方法
		5.4　影响授精率的因素
		5.5　影响孵化率的因素
	6. 鱼苗的培育	6.1　鱼苗的培育
		6.2　人工培育鱼苗的饵料分类
		6.3　鱼苗质量优劣的鉴定
		6.4　鱼苗数量的计数方法

续表 5-12

等级	模块名称	模块内容
IVET-4（高级技术员）		6.5　罗非鱼苗的放养方法
		6.6　鱼苗拉网锻炼的作用
	7. 成体养殖	7.1　各类养殖模式的特点
		7.2　饵料投喂原则
		7.3　水质调控
		7.4　各类增氧方法的应用
		7.5　细菌性鱼病防控
		7.6　病毒性鱼病防控
		7.7　真菌性鱼病防控
		7.8　寄生虫鱼病防控
	8. 捕捞加工	8.1　成体的捕捞方法
		8.2　成体的运输方法
	9. 养殖管理	9.1　养殖效益分析
		9.2　养殖规划制定

水产养殖是老挝东坎商农业技术学院的主要专业之一，2024 年，老挝东坎商农业技术学院已将水产养殖技术员职业标准纳入到学校实训课中（图 5-5），提升了实训课的规范化水平。

图 5-5　老挝东坎商农业技术学院师生开展养鱼实训

3. 东盟农业培训手册

广西农业职业技术大学组织编写了《东盟农业培训手册》，适用于泰国、老挝等国家来华或者在当地参加中国—东盟农业培训课程的农业从业人员，旨在为使用者提供岗位所需的农业专业知识和技能，介绍中国农业领域的新技术，培养涉外农业技术人员和推广中国农业技术。

《东盟农业培训手册》在内容选择上坚持难易结合、循序渐进的原则，全书共5个单元，分别为：现代农业技术发展及成就、东盟农业标准化建设、水果栽培技术（杧果、香蕉、哈密瓜、柑橘、火龙果）、蔬菜栽培技术（水稻、玉米、番茄）、农民的特征与使命。手册图文并茂，理论与实践相结合，分别运用中泰（老）两种语言讲解农业培训内容，针对泰老两国与中国农业发展的共性与区别，注重农业基础知识的同时紧跟农业产业化、标准化等现代农业发展趋势，适度介绍设施农业智能化等农业前沿知识，具有较强的实用性和针对性。

（三）培训管理

学校依托中国—老挝合作农作物优良品种试验站、中国—东盟农业培训中心开展老挝农业人才培训，培训对象各有侧重点。在中国—老挝合作农作物优良品种试验站组织培训具有培训成本低、受益面广等特点，培训对象主要是老挝基层农技人员、村干部、贫困农民等，重点在于推广试验站试验示范的农业新技术、新品种等，致力于提高老挝个体的技术能力。组织老挝农业人才到中国—东盟农业培训中心参加培训具有成本高、耗时长、管理难度大等特点，因此主要由老挝农林与农村发展研究院推荐老挝中高层农业和农业职业教育管理者、技术研发骨干人员参加培训，学校为这些培训对象开设了中国农业新技术、农业产业化、新农村发展等系列类型多样、形式各异的能力建设培训项目，以能力发展为变革驱动力，以提高学员研究、规划、管理等能力为项目产出目标，通过提升学员在工作岗位制定政策和战略、改革制度、协调发展行动的自主权和领导力，进而推动老挝农业与农业职业教育的整体发展。

为满足老挝各地不同农业产业发展需求以及老挝农业官员、农业技术人员、农民等不同岗位需求，必须开展差异化、个性化培训。培训中心建立了一个“五步循环”流程，包括培训定位、确定培训需求、制定培训计划、实施培训、跟踪评估及反馈5个步骤（图5-6）。

通过5个步骤的不断循环，全面进行培训课程体系的开发改进及培训方案的制定，规范老挝农业技术人员培训的设计、实施、评估等所有环节，以规范的流程保障培训质量。

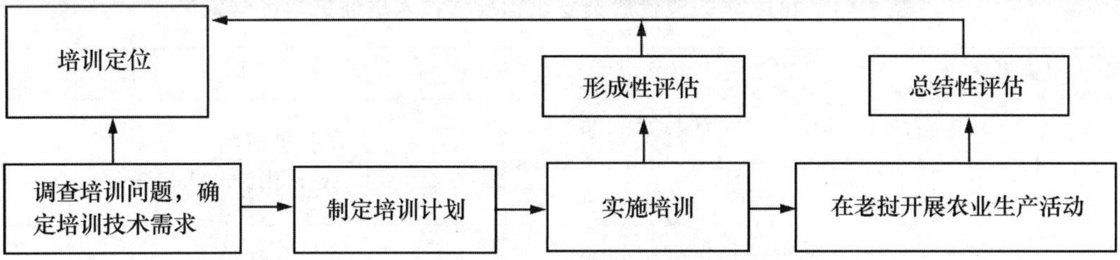

图 5-6 老挝农业技术人员参与式培训基本流程

试验站选送老方农业官员、农技人员到培训中心参加培训，培训方式为“学院理实课堂＋广西农企生产课堂＋广西新农村样板课堂＋老挝减贫示范点课堂”，培训中心也在试验站开展规模化培训，培训目标主要是老挝农民、农技人员、农业官员等，培训方式为“试验站田间课堂＋中资农企生产课堂＋老挝减贫点样板课堂＋老挝农家课堂”。

2017 年中国农业部组织的东盟优质杂交水稻种植技术培训班因培训内容丰富、针对性强、培训效果良好，深受学员好评。该期培训班通过切实举措，建立起一个沟通交流合作的平台，加强了中国与东盟各国的交往，下面以该期培训班为案例展开介绍。

案例5-3

2017 年东盟优质杂交水稻种植技术培训班

来自老挝、越南和柬埔寨等东盟国家政府部门、农业科研院校、农技推广机构等单位的水稻作物部副主任、国家农业实验室副主任、职员、农业机械师、科研人员等共 20 人参加了为期 1 周的培训（表 5-13 和表 5-14）。授课老师和学员围绕中国现代农业技术发展现状与成就、中国水稻优良品种介绍、杂交水稻高产高效栽培技术、水稻生产技术的发展、新型职业农民的特征与使命等内容进行交流。学院还组织学员到广西壮族自治区农业科学院水稻研究所水稻种植基地、广西农业良种海南南繁育种基地、广西农业职业技术学院校内实训基地（农源易购、花艺超市、广西现代农业技术展示中心等）参观考察。学员代表认为本次培训班课程内容丰富，教学安排合理，不仅学到了许多农业技术特别是优质杂交水稻种植技术，而且收获了深厚的友谊，增进了中国人民与东盟各国人民之间的相互了解。学员代表非常感谢学院举办本次培训班，并表示希望学院以后举办玉米、香蕉、火龙果等品种种植技术培训班（图 5-7）。

表 5-13 2017 年东盟优质杂交水稻种植技术培训班学员信息

序号	国家及人数	单位	职务或工作领域
1	老挝 12 人	老挝农林部合作社与农业推广司 Department of Agriculture Extension and Cooperative	农业机械师 Agriculture Machinery
2		老挝农林部植物保护中心 Plant Protection Center	项目管理员 Project Management
3		国家农林研究院水稻研究中心 Rice Research Center/National Agriculture and Forestry Research Institute(NAFRI)	科研人员 Research Staff
4		国家农林研究院水稻研究中心 Rice Research Center/National Agriculture and Forestry Research Institute(NAFRI)	科研人员 Research Staff
5		国家农林研究院水稻研究中心 Rice Research Center/National Agriculture and Forestry Research Institute (NAFRI)	科研人员 Research Staff
6		国家农林研究院水稻研究中心 Rice Research Center/National Agriculture and Forestry Research Institute (NAFRI)	科研人员 Research Staff
7		国家农林研究院琅勃拉邦农业研究中心 Luangnamtha Agriculture Research Center/ National Agriculture and Forestry Research Institute(NAFRI)	种子繁殖/ 推广 Seed Multiplication/ Extension
8		国家农林研究院琅勃拉邦农业研究中心 Luangnamtha Agriculture Research Center/ National Agriculture and Forestry Research Institute(NAFRI)	种子繁殖/ 推广 Seed Multiplication/ Extension
9		国家农林研究院园艺研究中心 Horticulture Research Center/National Agriculture and Forestry Research Institute(NAFRI)	科研人员 Research Staff
10		国家农林研究院园艺研究中心 Horticulture Research Center/National Agriculture and Forestry Research Institute(NAFRI)	科研人员 Research Staff
11		国立大学农学院 Faculty of Agriculture(FAG),(NUOL)	讲师与科研人员 Lecturer and Researcher
12		国立大学农学院 National University of Laos Faculty of Agriculture	讲师与科研人员 Lecturer and Researcher

续表 5-13

序号	国家及人数	单位	职务或工作领域
13	越南 4人	大田作物研究所 Field Crop Research Institute	繁殖 Breeding
14		国家植物试验中心 National Center for Plant Testing	水稻品种 Rice Varieties
15		大田作物研究所 Field Crop Research Institute	水稻育种 Rice Breeder
16		作物研究与开发所 Crops Research and Development of Institute	工程师 Engineer
17	柬埔寨 4人	农林渔业部农业总局 General Directorate of Agriculture (GDA)/MAFF	水稻作物部副主任 Deputy Director of Rice Crop Department
18		农林渔业部农业总局 General Directorate of Agriculture (GDA)/MAFF	国家农业实验室副主任 Deputy Director of National Agricultural Laboratory
19		国立波雷烈农业学院 Prek Leap National College of Agriculture	职员 Staff
20		国立波雷烈农业学院 Prek Leap National College of Agriculture	职员 Staff

表 5-14　2017 年东盟优质杂交水稻种植技术培训班日程

序号	日期	时间	培训内容
1	2017 年 10 月 25 日 星期三	9:00—9:50	开班典礼
2		10:00—12:00	校内讲座:中国现代农业发展现状与成就
3		15:00—18:00	校内讲座:中国水稻优良品种介绍
4	2017 年 10 月 26 日 星期四	9:30—12:00	校内讲座:水稻种植技术
5		15:00—18:00	校内讲座:水稻栽培技术
6	2017 年 10 月 27 日 星期五	上午	出发前往海南三亚南繁育种基地
7		下午	校外现场教学.参观三亚市南繁育种代繁处基地
8	2017 年 10 月 28 日 星期六	上午	校外现场教学:参观海南基地(水稻基地)
9		下午	校外现场教学:海南三亚南繁育种基地
10	2017 年 10 月 29 日 星期日	上午	海南三亚返回南宁
11		下午	校外现场教学:南宁城市建设
12	2017 年 10 月 30 日 星期一	9:00—12:00	校内广西现代农业技术展示中心现场教学:培训班评估、学员采访
13		15:00—17:30	校内讲座:新型职业农民的责任与使命
14		17:30—18:30	结业典礼

图 5-7　2019 年火龙果标准化种植技术培训班

为规范中国—东盟农业培训中心举办各类培训班的操作流程，提高办班质量，学校制定了办班操作流程，分为培训前准备工作、开班典礼、培训过程、结业典礼和培训后工作 5 个部分。

(1)培训前准备工作：制定详细的培训班方案和培训班经费预算，报农业农村部或广西壮族自治区农业农村厅批准；向东盟国家相关单位发出培训班邀请函，获取学员名单和联系方式等资料，协助学员做好赴华培训准备；培训中心成立培训班工作领导小组、落实培训教师和翻译、确定培训和参观考察地点、安排食宿和车辆、准备培训手册和培训教材等相关资料，积极做好培训班的各项准备工作；培训中心确定学员抵华时间，做好学员报到工作，发放培训资料，安排学员的食宿等事宜。

(2)开班典礼：邀请农业农村部、广西壮族自治区农业农村厅和东盟国家驻华领事馆的相关领导参加，相关领导致辞、学员代表发言后合影留念。

(3)培训过程：培训采取理论学习和参观实习相结合的方式。进行理论学习部分时，工作人员提前 20 分钟到达教室为上课做准备，授课教师提前 10 分钟到达教室；授课教师要认真授课，认真回答学员提出的与授课内容有关的问题，不在课堂上和学员讨论涉及国家机密和敏感的政治话题；学员按培训日程开展培训，要专心听课，不许在教室吸烟和大声喧哗，有事需提前向团长及老师请假；翻译要实事求是翻译授课教师的讲课内容和学员提出的问题。进行参观实习部分时，培训中心须提前预订食宿，为学员安排车况良好的车辆；学员应服从工作人员的安排，不许单独外出；外出参观实习如遇突发事件，应保持冷静，立即启动应急预案。

(4)结业典礼：邀请农业农村部、广西壮族自治区农业农村厅和东盟国家驻华领事馆的相关领导参加，相关领导致辞、学员代表发言，给学员颁发结业证书、通讯录及纪念品后合影留念。

(5)培训后工作：培训结束后，培训中心应安排车辆欢送学员出境；认真整理《学员培训评估反馈表》，认真做好培训班工作总结，将工作总结呈送农业农村部、广西壮族自治区农业农村厅，做好培训学员的跟踪服务工作。

三、老挝留学生教育实施流程规范

(一)师资遴选、培养

学校将留学生教学计划纳入学校总体教学计划，选拔适合国际学生教学的师资，建立健全教育教学质量保障制度。专业课程的师资管理由教务处会同各二级学院负责，汉语、中国概况等课程的师资管理由教务处会同通识教育学院负责。

留学生教育的专业师资有以下要求：

(1)专业负责人应具有本专业及相关专业副高及以上职称和较强的实践能力，能够较好地把握国内外行业、专业发展，能广泛联系行业企业，了解行业企业对本专业人才的需求。

(2)专任教师原则上应具有相关专业本科以上学历，生师比不大于18∶1，专业教师硕士研究生学历比例不低于50%，具有中级以上职称比例不低于75%。

在师资培养方面，学校加大教师赴国(境)外交流访学、调研的力度，鼓励教师出国访学、研修，参与国际会议、国际教育论坛和国际交流活动，包括专业技术技能培训、语言培训和文化交流，增强教师国际化意识。以推进“中文＋农业职业技能”为重点，新建一支中文教学师资队伍，定期组织教师参加汉语教学培训，鼓励教师参加国际汉语教学能力大赛，提升教师汉语教学能力，帮助留学生夯实汉语基础，以便更顺利地学习农业技能。各专业要求教师深入调研老挝留学生需求，参与留学生教育课程开发、教材编写、实习实践等项目，为建设符合老挝留学生需求的教育合作体系提供强有力的师资支撑。

(二)课程资源开发

学校与老挝东坎商农业技术学院等院校合作，做好中老两方院校留学课程衔接。在汉语课程上，由老方教师负责收集汇总学生汉语基础情况、考级情况，并报送至中方，中方根据实际情况制定汉语教学计划，双方共同存档记录；在专业课程上，老方负责提供完整的老挝高中课程信息以及学生高中毕业成绩，以便中方据此安排留学期间的课程内容和进度，中方听取老方建议进行专业人才培养方案制定和课程改革，为留学生提供优质的教育资源。学校已开发能够适配老挝留学生学习需求的初级汉语、汉语口语、汉语听力等课程，主要选取《发展汉语》系列教材。每门专业课程都经过与老方的协商确认，作物生产技术和畜牧兽医2个专业课程体系已相对完善，特别是根据老方建议，调增了学生参与能够体验农业新技术的实训课程比例。

基于广西农业气候地理等农业生产条件与老挝基本一致的考量，学校安排留学生与中方学生混合编班学习，专业课程基本采用中文授课，学习内容与中方一致。同时为了帮助留学生跨文化学习，特别安排了汉语类课程和富有广西特色的第二课堂活动，为了满足留学生自主学习的需要，以及对外输出中国农业职教标准、扩大课程资源受益面的要求，学校将部分专业课程整理翻译为面向东盟的国际化课程资源和职业标准。

1. 专业课程

为提高留学生人才培养质量，基于学校留学生培养的工作实际，学校已制定2019—2023级《畜牧兽医专业留学生人才培养方案》《作物生产与经营管理专业留学生人才培养方案》等人才培养方案，开发了相应课程。

(1)畜牧兽医专业留学生课程

留学生畜牧兽医专业围绕国家"一带一路"倡议，立足广西、面向东盟，以市场需求与地方农业经济发展为导向，以职业目标为遵循，以职业能力培养为核心，以职业素质教育为依托，培养具有一定的科学文化水平，良好的人文素养、职业道德和创新意识，精益求精的工匠精神，较强的就业能力和可持续发展的能力；掌握本专业知识和技术技能，面向畜牧行业的职业群，能够从事畜禽良种繁育、畜禽生产与管理、动物疾病防控等工作的高素质技术技能人才。核心课程包括：动物解剖与组织胚胎、动物微生物与免疫、动物生理、动物营养与饲料加工、动物病理、动物药理、动物遗传繁育、养猪与猪病防治（养猪技术）、养猪与猪病防治（猪病防控）、养禽与禽病防治（养禽技术）、养禽与禽病防治（禽病防控）、养牛羊与牛羊病防治（养牛羊技术）、养牛羊与牛羊病防治（牛羊病防控）。

(2)作物生产与经营管理专业留学生课程

留学生作物生产与经营管理专业围绕国家"一带一路"倡议，立足广西、面向东盟，以市场需求与地方农业经济发展为导向，以职业目标为遵循，以职业能力培养为核心，以职业素质教育为依托，培养具有一定的科学文化水平，良好的人文素养、职业道德和创新意识，精益求精的工匠精神，较强的就业能力和可持续发展的能力；掌握本专业知识和技术技能，面向种植业（现代农业、生态农业、有机农业）生产、管理、服务行业、农产品及农资营销管理行业等职业群，能够从事现代作物生产、良种繁育、农业基地建设管理、植物病虫识别与防治、生态农业种植与养殖、生态农业园区建设规划、休闲农业经营管理、有机农产品生产和营销、有机产品检测和认证、农资营销与企业管理、农业技术服务推广等工作的高素质技术技能人才(图 5-8)。核心课程包括:农业应用化学、植物及植物生理、土壤与肥料、农业气象、植物保护技术、作物生产技术、园艺作物生产技术、农业生态工程与技术、农产品质量安全、设施农业技术、农产品与农资营销。

图 5-8　老挝留学生作物生产实训

2. 汉语类课程

来华留学生的培养方案应当包含汉语能力水平要求和中国概况类课程的必修要求,高等学校应当安排充足、适用的汉语课程和中国概况类课程,满足来华留学生修课需求。学校开设汉语综合、汉语听力、汉语口语和中国概况等汉语类课程,帮助留学生掌握汉语语言知识,初步具备汉语听、说、读、写综合能力;了解中国国情和文化基本知识,理解中国社会主流价值观和公共道德观念,具备包容、认可和适应文化多样性的意识、知识、态度和技能;初步具备一定的文化素养和汉语交际能力,为更好地完成专科或本科阶段的专业课程学习打下基础。主要课程内容包括:中国概况、初级汉语、汉语口语、汉语听力、HSK 辅导。

汉语类课程上课的时间和内容根据留学生实际需求进行调整,以确保学生掌握必备词汇,才能保持良好积极的心态进行专业学习。2020—2022 年,因疫情影响,留学生入境学习费用高昂、手续复杂,经学校决定,统一开展线上教学。线上教学效果较不稳定,加上缺乏语言环境,留学生的汉语出现退步现象。2023 年,留学生入境后均提出开设汉语补习班的需求,学校积极回应留学生需求,考虑整体教学进度后,同意在春季学期开设汉语教学班(表 5-15),要求专业课程作出调整,部分留学生延期毕业,充分满足留学生复习和考试的需求。

表 5-15　2023 年春季学期留学生汉语补习班课表

时段	节次	星期一	星期二	星期三	星期四	星期五
上午	1	HSK 辅导（第 18～19 周）	初级汉语 1（第 6～9 周、第 11～20 周）	HSK 辅导（第 17～20 周）	HSK 辅导（第 16～20 周）	中国概况（第 15 周）HSK 辅导（第 18～20 周）
	2					
	3	汉语口语 1（第 6～9 周、第 11～14 周）	汉语听力 1（第 6～9 周、第 11～14 周）	HSK 辅导（第 17～20 周）	初级汉语 1（第 6～16 周、第 18～20 周）	汉语听力 1（第 6～7 周，第 9～14 周）
	4			初级汉语 1（第 7～9 周、第 11～16 周）		
	5	HSK 辅导（第 18～19 周）	中国概况（第 15～20 周）			中国概况（第 15～16 周、第 18～19 周）
下午	6	初级汉语 1（第 17 周）		初级汉语 1（第 17～20 周）	HSK 辅导（第 15～16 周）	汉语口语 1（第 6～7 周、第 9～14 周）
	7					
	8					

注：2023 年春季学期开学后统一办理留学生入境返校手续，于校历第 6 周正常开展汉语补习教学。

3. 第二课堂活动

老挝留学生对中国文化非常感兴趣，来中国留学，除了学习农类专业课外，还希望认识更多的中国朋友，积极参加中国的各类活动，通过更多的交流和对话解决跨文化交际问题，融入中国的生活中。广西农业职业技术大学秉持培养新时代农业人才的宗旨，致力于传承和弘扬壮族民俗文化，相应安排了留学生参加校运会、民俗活动、文艺晚会等多种形式的第二课堂活动，增强了留学生的交流能力、适应能力、观察能力等，增进了留学生对中国的认同感。

2023 年 4 月 19 日，学校举办了以“促进民族团结 共建壮美广西”为主题的“三月三”民俗文化活动。这一活动吸引了全校近万人的参与，留学生也参与其中，展现了跨文化交流与合作的精神。留学生积极参与了山歌对唱比赛，赢得了观众们的热烈掌声。此外，留学生还参与了“三月三”民俗文化游园活动的各项目，包括手绘壮锦、编制手工壮锦包、竹竿舞、板鞋竞速、民俗特色食品品尝与制作、民族文化沉浸式摄影和民族插花等活动，展示了对壮族民俗文化的热爱和探索（图 5-9）。

2023 年 5 月 14 日，留学生参加了由广西壮族自治区农业农村厅在八桂田园主办的 2023 年广西国际茶日暨第十五届全民饮茶活动，亲身感受了中国茶文化的独特魅力。茶艺表演、无我茶会、使节品茶、茶席插花体验、茶点品鉴、非遗茶技艺展示等一系列茶事活动在现场精彩呈现，充分展现了 2023 年广西国际茶日活动主题：“茶和世界　共品共享”。留学生在茶艺表演中展示了对中国茶文化的热爱与理解，深入体验了茶席插花的

图 5-9　老挝留学生品尝壮族特色食品

艺术魅力，品鉴了广西独特的茶点。他们与其他参与者一同分享了茶文化的乐趣，加深了彼此之间的交流与了解。通过此次活动，留学生不仅感受到了中国茶文化的博大精深，也亲身体验了广西茶产业的繁荣和发展，进一步加深了中外学生之间的友谊和文化交流(图 5-10)。

图 5-10　老挝留学生参加 2023 年广西国际茶日暨第十五届全民饮茶日活动

4. 面向东盟的教学资源开发

(1)中国—东盟技术教育合作平台资源

2022年起,学校通过第三方公司进行“科学测土与合理施肥”“植物保护技术”“东盟中草药种植与加工”3门课程的国际化课程开发、教学资源建设及推广服务,取得东南亚教育部长组织技术教育发展区域中心(SEAMEOTED)的东盟专业标准认证,借助中国—东盟技术教育合作平台,留学生能够通过手机端、电脑端进入网站学习这3门国际课程,并提供给东盟国家的高校、企业学习和培训使用。同时3门课程负责人受邀入选专家库,获得相应东盟行业专家认证,参与东盟国家政府组织的线下援教。

(2)面向东盟国际化职业教育课程与教材

“十四五”期间,广西壮族自治区教育厅将遴选建设具有广西特色的职业教育“外语+”国际化课程100门、教材(含培训教材)100种、培训资源包200个,开展跨国(境)远程教学,深化中国和东盟国家在技术技能、教学改革和科技应用等方面交流和合作,全面提升中国—东盟职业教育开放合作水平。其中学校在留学生教育方面获得“互联网+农产品营销”等4门国际化课程和1门《国际贸易实务》国际化教材立项,并上传至中国—东盟职业教育云平台(表5-16)。

表5-16　留学生教育获认定的自治区级面向东盟国际化职业教育资源

序号	立项年份	类型	层次	资源/内容名称	负责人
1	2022	国际化课程	高职	东盟特色药材种植与加工	周晓丹
2	2022	国际化课程	高职	“互联网+”农产品营销	邱　林
3	2022	国际化教材	高职	国际贸易实务	韦苏健
4	2023	国际化课程	高职	服务“一带一路”——酒店职场英语	周卓林
5	2023	国际化课程	高职	食品安全与质量控制	麻少莹

(3)老挝东坎商农业技术学院应用专业与课程标准

2019年老挝东坎商农业技术学院根据与广西农业职业技术学院签订合作备忘录,两校在农业职业教育教学资源开发方面进行深入交流,采纳并应用了广西农业职业技术学院畜牧兽医、动物医学等2个专业标准,养猪与猪病防治、养禽与禽病防治、动物外科与产科、池塘养鱼技术等4个课程标准。

(4)老挝八桂农业科技有限公司推广专业与课程标准

2022年通过中资种植类农业企业老挝八桂农业科技有限公司开展专业和课程标准修订、翻译、推广应用,包括高等职业教育专科作物生产与经营管理、园艺技术专业教学标准,涵盖入学基本要求、修业年限、职业面向、培养目标、培养规格、课程设置及学时安排、教学基本条件、质量保障和毕业要求等内容；修订作物生产技术、果树生产技术、植物病害防治技术、植物保护技术（园艺植物病虫害防治）、蔬菜生产技术、土壤肥料6个专业核心课程标准，包括课程代码、适用专业、课程性质、课程学分与学时分配、课程设计思路、课程总体目标（知识目标、能力目标、素质目标）、课程内容与教学要求、教学实施建议等。

（三）实训条件建设

学校建设的校内外实训基地基本覆盖农业一二三产业链，为老挝留学生提供功能齐全的实训条件，主要包括能够满足正常课程教学、实习实训所必需的专业教室、实训室和实训基地，实训根据人才培养方案分为校内实训和校外实训，能够满足留学生顶岗实习和工学结合的需要。

校内八桂田园（广西现代农业技术展示中心）集科普教育、生产、科研、信息、旅游观光于一体，是“全国农业科普示范基地”和“全国农村科普示范基地”，2022年入选全国首批脱贫攻坚、乡村振兴专题“大思政课”实践教学基地。广西壮族自治区教育厅立项广西职业教育示范特色专业及实训基地建设项目，学校2014—2023年获得中草药栽培技术、城市园林、畜牧兽医、食品加工技术、作物生产技术、园艺技术、现代农业技术、现代畜牧、智能控制技术9个项目立项，共获得广西壮族自治区财政支持9 000万元建设经费。学校基于“产学研”深度融合思路进行校内实训基地建设，建立了基本技能训练型、教学工厂研发型、校属公司经营型、现代园区示范型、创业项目孵化实践基地等多种模式的校内实训基地，整体上能实现集实践教学、生产经营、科技研发、技能鉴定、创业孵化、技术服务为一体的六大功能，能满足“教学课堂与生产场所合一、指导教师与业务主管合一、实训学生与生产员工合一、实训项目与生产项目合一、实训设备与生产设备合一、创新实训与科研课题合一、实训产品与企业产品合一、实训文化与企业文化合一、实践育人与企业增效合一”的利用要求。

校外实训基地包括广西扬翔股份有限公司、广西金穗农业集团有限公司、桂林力源粮油食品集团有限公司、广西农垦金光乳业有限公司等一二三产业链融合的国家级农业龙头企业，还有广西昇华农业科技有限公司等深耕广西与老挝香蕉种植领域的中小型企业，能通过企业参观、实习，让老挝留学生直观全面了解中国农业产业化发展现状。

（四）学生管理

学校依据教育部《来华留学生高等教育质量规范（试行）》开展。该规范根据《中华人民共和国高等教育法》《中华人民共和国学位条例》等法律法规和《学校招收和培养国际学生管理办法》制定相关留学生教育管理制度。

对国家通用语言文字水平达不到学习要求的国际学生，教务处会同国际交流与合作处（国际教育中心）、通识教育学院提供必要的补习条件。

国际学生在汉语补习期间由国际交流与合作处（国际教育中心）单独编班；在专业学习期间，二级学院根据国际学生人数，可以将国际学生单独编班，也可以编入相关班级和中国学生一起学习。

学校按照教学计划组织国际学生参加教学实习和社会实践，选择实习、实践地点要遵守国家有关规定。

学校根据国家有关规定为国际学生颁发学历证书或其他学业证书。对接受学历教育的国际学生，由教务处会同国际交流与合作处（国际教育中心）及时为其办理学籍和毕业证书电子注册。

国际学生按照课程安排和教学计划参加课程学习，并按照规定参加相应的毕业考试或者考核。

国际学生入学后，经学生申请、学校同意，可以转专业。

同时，学校对留学生实施趋同化管理，留学生还必须遵守学校其他教学管理规定，包括《广西农业职业技术大学课堂教学管理规定》《广西农业职业技术大学学分制教学管理规定》等，接受教学督导检查，由留学生班主任负责做好相关文件解读和纪律教育（图 5-11）。

图 5-11　国际交流与合作处（国际教育中心）定期开展留学生班会

四、老挝分校学生教育实施流程规范

（一）师资遴选、培养

分校聘任的任课教师和行政管理人员，应当具有学士学位以上（含学士学位）或取得中级以上（含中级）职称，能用外语进行交流。担任汉语语言课程、专业课程的任课教师，应当具有较好的对外汉语教学经验或具有中、老两国语言基础。

学生在老挝东坎商农业技术学院学习期间，专业基础课任课教师由老挝东坎商农业技术学院选聘，汉语语言课由广西农业职业技术大学选聘，并根据实际工作需要，派驻老挝共同开展教育教学，若受疫情影响，可转为线上课程；学生在广西农业职业技术大学学习期间，学校选派教师指导学生开展专业实习活动，安排学生到中国—老挝合作农作物优良品种试验站或广西农业职业技术大学校企实训基地实习。

分校聘任的任课教师和行政管理人员，要遵守中、老两国的法律法规和办学的有关规定，不得传授不利于两国团结、违反两国利益的内容，不得在校园内宣传宗教知识，要依法从教，依法行政。

老挝东坎商农业技术学院选聘的任课教师和行政管理人员的工资和课酬，由老挝东坎商农业技术学院负责解决；广西农业职业技术大学选聘的任课教师和行政管理人员的工资和课酬，由广西农业职业技术大学负责解决。课酬发放要符合规范，按双方各自制定的标准和执行办法实施。

广西农业职业技术大学重视分校师资队伍建设，及时选聘分校任课教师及行政管理人员，举办老挝语言强化培训班；及时制定分校任课教师和行政管理人员的选聘、培养制度，确保分校教育教学质量。

广西农业职业技术大学每年选派至少 1 名教师，赴老挝东坎商农业技术学院和老挝国立大学开展学历教育的共同管理工作，负责课程教学和学生管理。吸纳至少 1 名企业专家进入师资队伍，开展中老双方师资培训项目不少于 1 期，培训人数不少于 25 人，选聘专任教师不少于 10 人，兼职教师不少于 5 人。

（二）课程资源开发

1. 人才培养方案概况

两校合作开发了畜牧兽医、作物生产与经营管理 2 个专业人才培养方案，具体内容包括入学要求、修业年限、职业面向、培养目标与规格、课程设置及学时安排、教学安排、实施保障 7 个主要方面，填补了东坎商农业技术学院没有系统人才培养方案的空白。

老挝分校开展"中文＋职业技能"高等专科学历教育，作物生产与经营管理总学时为2 300学时，每16～18学时折算1学分，实践性教学学时原则上不少于总学时的50%，其中岗位实习累计时间一般为6个月。课程设置中文课和专业课各占比50%，初级汉语、汉语口语、汉语听力、HSK辅导贯穿第1～3学期，为今后到中国全中文授课打下良好基础，突出"前期侧重语言，后期强化专业"的特点(图5-12)。

图5-12　广西农业职业技术大学老挝分校2023级学生中文课堂

2. 专业核心课程

(1)畜牧兽医专业核心课程

畜牧兽医专业核心课程包括兽医基础、家禽生产、现代猪生产、动物疾病防治、动物营养与饲料加工、动物检疫技术、现代牛羊生产、牧草种植等(表5-17)。

表5-17　老挝分校畜牧兽医专业核心课程主要教学内容与要求

序号	专业核心课程	典型工作任务描述	主要教学内容与要求
1	牧草种植	(1)依据种子或果实稳定的外部特征，利用肉眼或放大镜和其他仪器观察、测量和分类 (2)种子品质检验技术，包括牧草种子精度检验、种子活力检测、种子含水量的测定、发芽率的测定方法等技术 (3)牧草种子田的管理技术，包括种子田的土壤管理技术措施，施肥与灌溉技术，病虫害的防治措施与注意事项等技能	(1)草种分类方法等内容和基本操作原理方法 (2)掌握牧草种子的休眠和萌发原理、概念，打破种子休眠的方法及生产中应用 (3)各种牧草种子与饲料作物种子结构、主要化学成分、营养物质成分和作用 (4)掌握主要牧草与饲料作物生长过程中每个生长环节所需要的营养物质，缺乏时的外部表现和营养补充技术措施 (5)掌握种子成熟期时田间管理技术

续表 5-17

序号	专业核心课程	典型工作任务描述	主要教学内容与要求
2	兽医基础	(1)动物系统解剖技术的基本操作技能 (2)对动物有机体各器官及其位置进行描述 (3)测定家畜呼吸、脉搏、体温、呼吸音、心音生理指标	(1)动物有机体的运动系统、表皮系统、消化系统、呼吸系统、泌尿系统。生殖系统、心血管系统、免疫系统、神经系统、内分泌系统的各个器官组织学结构特点及相互之间的位置关系以及基本功能 (2)细胞的基本功能、血液、血液循环、呼吸、消化与吸收、能量代谢与体温调节、尿的生成与排出、神经系统、内分泌等动物生理知识 (3)系统解剖技术
3	动物检疫技术	(1)消毒操作 (2)动物、屠宰检疫及动物产品检疫 (3)重大动物疫病的生物安全防控	(1)了解动物检疫的意义、作用和特点，了解动物检疫的范围、分类和对象，了解进出境动物检疫 (2)理解动物活体检疫、屠宰检疫的内容和注意事项，理解重大动物疫病处理原则和程序 (3)掌握动物检疫常用器械的类型及使用，掌握动物检疫的内容、操作规程和鉴定 (4)掌握重大动物疫情处理、染疫动物及其产品和被污染环境的生物安全处理
4	现代禽生产	(1)设计禽场规划布局 (2)识别常用家禽品种 (3)种鸡的人工授精、种蛋进行孵化 (4)蛋、肉鸡生产	(1)了解禽场建设与生产设备使用 (2)家禽品种与繁育技术 (3)家禽孵化技术 (4)蛋鸡生产技术、肉鸡生产技术、种鸡生产、水禽生产技术、养禽场经营管理、禽场数据信息采集与分析利用等
5	现代猪生产	(1)猪的选种选育 (2)猪的发情鉴定及人工授精技术 (3)猪各阶段的饲养管理	(1)熟悉猪的品种及外貌特征 (2)熟练地进行猪人工授精全过程操作、妊娠诊断 (3)掌握各阶段猪的饲养管理技术
6	动物疾病防治	(1)根据养殖场实际情况拟订出科学合理的消毒程序，正确选择和使用消毒剂，利用实验室检测手段，对消毒效果进行评价 (2)根据养殖场实际情况拟订出科学合理的免疫程序，会保存、稀释和使用疫苗:会根据不同的疫苗种类选择不同免疫途径，正确操作对动物进行免疫接种 (3)根据动物常见传染病的流行特点、症状和病变做出初步诊疗 (4)拟订动物常有传染病的预防举措。正确拟订治疗方案，选择敏感药物，对动物常有传染病进行治疗	(1)掌握动物传染病的特点、发展阶段、流行过程;认识动物传染病的发生条件 (2)掌握动物常见传染病的流行特点、临床症状和病理变化 (3)掌握动物常有传染病的防控举措及发生后的扑灭举措 (4)认识国家有关动物常有传染病的有关法律条例

续表 5-17

序号	专业核心课程	典型工作任务描述	主要教学内容与要求
7	动物营养与饲料加工	(1)动物不同生理阶段确定相应的营养需要与饲养标准 (2)饲料的品质检测 (3)设计动物的饲料配方 (4)设计简单饲料加工工艺	(1)掌握饲料各养分的营养生理功能,及其消化、吸收、代谢规律 (2)动物营养需要与饲养标准、饲料原料选择与质量监控 (3)水、蛋白质、碳水化合物、脂类、矿物质、维生素和饲料添加剂的营养、饲料配方设计和配合饲料加工
8	现代牛羊生产	(1)牛羊的品种识别及利用 (2)奶牛生产 (3)肉牛育肥 (4)羊的生产	(1)识别各牛羊品种、学会牛体重估测和年龄鉴定 (2)各阶段牛羊的饲养管理技术 (3)牛羊的人工授精技术

(2)作物生产与经营管理专业核心课程

作物生产与经营管理专业核心课程包括农作物有机生产技术、作物育种技术、土壤肥料、果蔬的采后处理、中草药生产技术、植物保护技术、食用菌生产技术、果树生产技术、作物生产技术等(表 5-18)。

表 5-18 老挝分校作物生产与经营管理专业核心课程主要教学内容与要求

序号	专业核心课程	典型工作任务描述	主要教学内容与要求
1	农作物有机生产技术	(1)有机作物种植 (2)有机生产的肥水病虫管理 (3)有机生产的监督与管理	(1)掌握有机作物生产的环境条件要求 (2)掌握有机作物生产的技术管理要求 (3)按照有机作物生产的要求进行病虫害和施肥管理 (4)掌握有机农产品的采收和贮藏技术要求
2	土壤肥料	(1)土壤样本采集与养分测定 (2)对不同土壤进行改良 (3)对作物进行正确施肥管理	(1)掌握作物所需元素的作用 (2)能判断常见的作物缺素症 (3)能针对作物不同生长阶段进行正确的施肥管理 (4)可以进行配方施肥用量计算
3	作物育种技术	(1)育种材料播种授粉调查 (2)育种材料的收获工作 (3)育种的安全生产与管理	(1)能进行育种作物的基地准备,及播种后的授粉、病虫害管理 (2)能完成育种材料的收获并能进行统计分析 (3)对育种过程进行管理,防止因外界因素影响育种进程
4	果蔬的采后处理	(1)果蔬的采收,果蔬的运输 (2)果蔬的预处理 (3)果蔬的包装贮存	(1)掌握不同果蔬采收的标准、要求及方法 (2)能针对不同果蔬采用相适合的运输工具和方式 (3)了解不同果蔬的生理要求有针对性进行预处理 (4)能进行果蔬的包装选择,以及冷藏环境设定及检测

续表 5-18

序号	专业核心课程	典型工作任务描述	主要教学内容与要求
5	中草药生产技术	(1)中草药种植管理指导 (2)采收药材,并进行产地加工、贮存	(1)制定中草药种植项目发展规划,规范种植管理流程 (2)中药作物日常管理,进行数据统计和主要经济技术指标的记录 (3)掌握中草药作物采收加工的要求,提高药用价值
6	植物保护技术	(1)进行综合防治试验 (2)进行日常病虫害巡防管理 (3)能根据生产状况制定综合防治对策	(1)熟悉常见植物病虫害生物特性,能进行病虫草害的综合防治方案的建立,试验和实施工作 (2)掌握生产或试验田日常植物保护状况,发现问题及时预警并提出解决方案 (3)掌握主要种植作物品种的种植生产规程,熟识病虫害发生危害特点并制定防治方案
7	食用菌生产技术	(1)食用菌菌种制造 (2)食用菌栽培技术 (3)食用菌生产技术的管控和实施	(1)熟悉食用菌生产工艺及检测工作流程,了解种子罐方面工作内容及关键控制点 (2)熟悉食用菌母种技术或播种技术 (3)掌握菌种污染率及发菌情况的统计,对异常情况汇报反馈,并分析原因和改善
8	果树生产技术	(1)果树育苗技术 (2)果树土肥水管理 (3)果树整形修剪技术 (4)果树花果管理及采后处理	(1)掌握果树嫁接、扦插等育苗技术 (2)根据不同物候期进行果树肥水管理 (3)会根据不同类型土地情况进行土壤管理 (4)掌握香蕉去芽、断蕾、套袋、火龙果整形修剪技术 (5)掌握果实采收后的处理
9	作物生产技术	(1)农作物种植 (2)农作物的肥水及病虫管理 (3)农作物的采收管理	(1)掌握不同农作物的生长条件要求,进行农作物播种育苗管理 (2)根据作物的物候期进行土肥水管理和病虫害防治 (3)按照收获的标准要求,选用适当设备进行农作物采收

(3)配套的教学资源

主要包括能够满足学生专业学习、教师专业教学研究和教学实施需要的教材、图书及数字化资源等。

①教材选用基本要求:按照两国规定,经过规范程序选用教材,优先选用国家规划教材和国家优秀教材。

②图书文献配备基本要求:图书文献配备能满足人才培养、专业建设、教科研等工作的需要。及时配置新技术、新工艺、新材料、新管理方式、新服务方式等相关的图书文献。

③数字教学资源配置基本要求:建设、配备与本专业有关的音视频素材、教学课件、

数字化教学案例库、虚拟仿真软件、数字教材等专业教学资源库，种类丰富、形式多样、使用便捷、动态更新、满足教学需求。

(三)实习实训条件建设

老挝分校学生实习实训分为老挝和中国两个部分，必须做到实习实训内容的有效衔接。

2022年10月18日，广西农业职业技术大学、老挝东坎商农业技术学院以及中国—老挝合作农作物优良品种试验站联合举办中国广西农业职业技术大学与老挝东坎商农业技术学院老挝分校建设项目合作协议(MOU)线上签约及揭牌仪式。中国—东盟(老挝)农业职业教育实践基地及广西农业职业技术大学校企合作境外培训基地同期揭牌。中老双方认为广西农业职业技术大学与老挝农林与农村发展研究院、老挝东坎商农业技术学院紧密合作，利用中国—老挝合作农作物优良品种试验站作为老挝分校实训基地，有利于利用"校-研-产"优质资源，共同培养"汉语＋职业技能"的农业型技术技能人才，推广农业新技术，丰富老挝农业职业教育的资源库，为推进中老教育深层次合作、提升老挝农业发展水平、推动人文交流和社会经济发展作出应有的贡献。

老挝分校学生第1～3学期在中国—老挝合作农作物优良品种试验站学习的是经过老挝本地化改良的农业新品种、新技术等(图5-13)。第4～5学期，学生到中国后主要的实习实训场地由广西农业职业技术大学动物科技学院和农业工程学院提供，按照人才培养方案要求，中方实训场地需要提供能够满足正常的课程教学、实习实训所需的专业教室、实验室、实训室和校外实习基地，由此老挝分校学生能全面系统地了解中国(广西)

图5-13　2023级老挝分校学生作物种植专业学生参加无人机培训

最新的农业发展趋势，参与企业产业化生产经营。最后一个学期，老挝学生再次回到中国—老挝合作农作物优良品种试验站、中资农业企业实习，将中国农业技术、品种、经营方式等进行老挝“本土化”实践。

（四）教学管理

1. 学期安排

老挝分校开展专科学历教育，共6个学期，采用“3＋2＋1”办学模式，即第1～3学期在老挝东坎商农业技术学院学习，安排学生到中国—老挝合作农作物优良品种试验站见习；第4～5学期在广西农业职业技术大学学习，安排在校内和广西区内农业企业见习；第6学期回到老挝实习。老挝分校9月开学，次年6月放假，中间的1月有1个星期左右的寒假，暑假3个月左右，这是由于老挝雨季从每年5月开始，到10月底结束，洪水、山体滑坡等自然灾害频繁，对学生学习生活有较大的影响，而从11月开始到次年的4月为旱季，天气干燥凉爽、晴空万里无云，适合开展教学活动。待学生到广西农业职业技术大学学习，则按9月开学，寒假1个月、暑假2个月的中国院校教学常规日期进行安排。

2. 学历证书颁发办法

学生修完规定课程，达到老挝东坎商农业技术学院和广西农业职业技术大学的知识、技能要求和学分要求，同时通过汉语水平四级考试（HSK4级），学生成绩实现双方互认，两校颁发两张专科毕业证书。其中广西农业职业技术大学颁发的毕业证获得中国教育部学历认证，老挝东坎商农业技术学院颁发的毕业证获得老挝教育与体育部认证。

3. 学生就业与发展

学生毕业前，按照广西农业职业技术大学“专升本”招生办法，为有“专升本”意向的学生提供指导意见，支持、鼓励学生参加“专升本”考试，提升学历。推荐符合来华留学生研究生培养条件的学生到相关高校攻读研究生。

学生毕业后，双方共同做好就业引导教育、就业信息供给和就业指导服务，推荐学生到广西农业职业技术大学校企合作企业工作。

第三节　中国—老挝农业职业教育合作质量控制

为提升援助有效性，老挝政府与24个发展伙伴在2006年签署《援助有效性万象宣言》（Vientiane Declaration on Aid Effectiveness）及其相互问责框架《万象宣言国家行动计划》(Vientiane Declaration Country Action Plan),明确了行动目标、行动主体、发展指标,并促成了发展伙伴和老挝政府之间的联通工具——教育部门工作组(Education Sector Working Group)的成立,以改进项目实施成效。审查结果通常被记录在双方商定的备忘录中,并纳入年度联合部门绩效报告,为循证规划和政策制定提供依据。但教育与体育部和农林部之间,以及两个部门内部各司局对外部援助规划和分工缺乏连贯性和协调性。广西农业职业技术大学与老方的合作是农业技术、农村发展、农业职教的综合援助项目,但老方农业、教育相关部门只是各自以资源分配为核心与中方对农业技术研发、农业人员培训、留学生教育、老挝分校建设等某个具体合作项目的程序和标准进行博弈,缺乏适配整个合作项目的合作机制,尤其没有真正关切资源分配之后的援助质量控制自主领导权。除了中国—老挝合作农作物优良品种试验站外,在其他合作项目中,老方并没有深度参与援助质量评价。为了避免合作出现"被动参与者""旁观者"等这种潜在的"互斥利益"主体,广西农业职业技术大学针对具体合作项目提出"中国质量控制标准",以质量标准牵引老方的合作行为,并通过合作实践引导老方逐步将质量标准内化为其政策、制度、规则等,形成"老挝质量控制标准"。

一、中国—老挝合作农作物优良品种试验站建设质量监测措施

(一)中国—老挝合作农作物优良品种试验站建设质量标准

中国—老挝合作农作物优良品种试验站一期备忘录确定了建设的总体目标和具体目标,作为试验站建设的质量标准。

2018年10月26日,老挝农林部进行"中国—老挝合作农作物优良品种试验站"2013—2018年五年建设期工作评估,评估专家来自老挝老—中合作委员会以及老挝农林部下属种植司、计划合作司、规划财政司、检查司、老挝农林与农村发展研究院等单位(图5-14)。评估团一行听取了中国—老挝合作农作物优良品种试验站5年来在农作物品种筛选、试验、示范、农业新技术推广、农业培训、人才培养以及基础建设等方面的汇报,并实地考察了中国—老挝合作农作物优良品种试验站火龙果、哈密瓜、杧果、香蕉、水稻、玉米、蔬菜等作物种植生产情况。在听取总结及实地考察后,评估组组长、老挝农林与农村发展研究院院长本通表示试验站项目5年具体任务目标已基本完成,老挝国家领导人对中国—老挝合作农作物优良品种试验站所取得的建设成果很满意。本通院长还高度赞赏试验站的工作效率,号召老挝农林与农村发展研究院下属单位要学习试验站的管理模式,加强与中方技术人员的交流学习,掌握本领,提高工作效率。老挝老—中合作委员会委员阿鹏对中国—老挝合作农作物优良品种试验站的建设成果也给予了充分的肯定,他

说:“试验站让老挝人民看到了、吃到了以前没有的农产品,试验站已在老挝逐渐树立起自己的品牌,希望老方技术员通过这个平台学习到更多先进的农业技术。”评估组还希望在中国政府提出的“一带一路”倡议的指引下,继续共同建设好中国—老挝合作农作物优良品种试验站,将试验站建设成一个影响老挝全国的现代化农业示范基地。

图 5-14　试验站 2018—2023 年(第二个五年建设期内)引进辣椒品种在老挝进行示范推广

2018 年 11 月,广西农业职业技术学院与老挝农林与农村发展研究院签署了《2018 年中国—老挝农作物优良品种试验站备忘录》。该备忘录确定项目合作年限为 5 年,2018 年 11 月 6 日—2023 年 11 月 5 日。该备忘录同样确定了试验站二期建设的总体目标和具体目标,作为试验站建设的质量标准。

(二)中国—老挝合作农作物优良品种试验站科研项目质量标准

中国—老挝合作农作物优良品种试验站承接中国农业农村部、广西壮族自治区科技厅、广西壮族自治区农业科学院等单位立项的各级各类科研项目。这些科研项目按照中方惯例由立项方和广西农业职业技术大学、广西华亚金桥农业科技开发有限责任公司等中国—老挝合作物农作物优良品种试验站建设主体签订确定结题考核指标,由立项单位组织中期检查和结题验收,确保科研项目质量。老方作为科研项目协作方,协助中方开展项目研究,配合提供验收材料。

结题验收时注重以下关键考核点:

(1)执行质量:研究目的是否明确、是否制定具体的实施方案,项目设计的合理性,执行过程是否有详细记录，项目是否验收及总结评估等。

(2)研究方法：评估研究方法的科学性和可行性，以及数据记录、分析和解释的正确性。

(3)预期成果：评估项目能够取得的预期成果，如总结出研究的技术、转化应用推广等。

(4)经费使用：审查经费使用计划、合理性和效率，确保经费用于项目的核心需求。

(5)社会影响：评估项目对促进中国与老挝等东盟国家的友好关系，促进老挝等东盟国家经济社会发展的影响，包括解决实际问题、推动行业发展、促进农民增产增收等。

为将先进农业技术引入老挝，帮助老挝提升农业生产效率，学校主动承接中国农业部国际合作司 2017 年中国东盟水稻绿色增产技术合作项目。其中的考核指标要求贴合老挝农业发展现实情况，循序渐进地帮助当地培育智慧农业，下面以该项目作为具体案例介绍考核指标。

案例5-4

2017 年中国东盟水稻绿色增产技术合作项目考核指标

承担单位：广西华亚金桥农业科技开发有限责任公司

项目资金：65 万元

项目预算成果及绩效目标：

(1)年度目标与项目成果

项目年度目标：优化组装适合当地大面积应用的水稻绿色增产技术，在老挝建立水稻绿色增产技术试验示范面积 1 000 亩，引入 10 个以上的新品种、1～2 项适用增产技术开展试验研究；实现在不增加农药化肥施用量前提下，提高水稻单产和收益。

项目成果：组装优化适合当地推广的水稻绿色增产标准化生产技术规程；现场演示、展示从国内引进的新品种、新技术、新设备；组建农业农村部-重点省-项目所在国的水稻绿色增产技术专家协作组；建立起以老挝、越南、柬埔寨、缅甸、印度尼西亚试验站为平台的水稻信息交流合作机制；增进当地粮农对中国的了解，增强中国对东盟国家水稻生产的话语权。促进走出去企业间跨区域、多领域合作实现技术创新，通过集群发展增强企业的竞争力。

(2)绩效目标(表 5-19)

表 5-19　2017 年中国东盟水稻绿色增产技术合作项目绩效目标

一级指标	二级指标	三级指标	年度指标值
成本指标	数量指标	组装示范中国—东盟水稻绿色增产技术面积	1 000 亩
		从国内引入新品种、新技术试验试种	10 个新品种、1 项新技术
		开展技术培训、现场指导和成果展示推介	开展相关活动 3 次以上,培训和参加人员 100 人次
	质量指标	比当地传统水稻种植技术实现绿色增产	在化肥农药零增长的情况下,水稻实现绿色增产
		组织专家开展试验研究和指导	有相关报道
		在当地产生影响	有媒体对项目相关工作进行报道
	时效指标	完成时限	2017 年 12 月 30 日前
	成本指标	资金投入数量	65 万元
效益指标	经济效益指标	水稻亩产增产	5%以上
		效益增加	5%以上
	社会效益指标	中国东盟水稻绿色增产技术合作项目辐射面积	10 000 亩以上
	生态效益指标	促进当地生态环境改善	在不增加污染的情况下实现水稻增产增收
	可持续影响指标	对双边农业交流合作的影响	在当地树立中国形象,促进双方农业交流合作
满意度指标	服务对象满意度指标	辖区农业管理部门和技术人员	满意度 80%以上
		示范区农民	满意度 80%以上

二、老挝农业人才培训质量监测措施

中方涉外培训项目一般有招投标形式和直接下达形式两种,在投标文件和项目下达文件中会明确培训人数和培训质量要求。广西农业职业技术大学为进一步加强规范涉外培训工作的组织与实施,提高培训质量,根据《农业部涉外培训管理办法》(农外发〔2016〕2 号)等有关涉外管理规定,特制定了《广西农业职业技术大学涉外培训管理办法》,建立培训效果评估与监控体系:

一是培训效果的评估主体包括学院培训管理人员和教师、老挝培训管理人员、老挝受训农业技术人员等，多元主体共同参与评估培训效果，使培训质量的测评数据更加客观和全面。

二是从编制培训活动方案、制定培训质量监控办法、建立培训实时反馈制度和实地调研训后学员反馈四个环节开展培训评估，包括训前、训中和训后评估与监控体系。培训期间的形成性评估，有助于在培训过程中及时调整培训方案及课程。总结性评估则是调研老挝农业技术人员在训后的实际工作表现。通过形成性评估和总结性评估，科学化、规范化、制度化进行效果评估。

三是和老挝农林部和院校配合，建立老挝农业技术人员训后跟踪服务的信息化数据收集工作。利用信息化手段，将技术培训需求、培训期间测评、学员的咨询、培训后回访等信息收集齐全，进行精准跟踪服务。通过培训效果评估与监控体系的建立，充分了解学院培训管理人员和教师专业素质以及老挝培训管理人员、老挝受训农业技术人员的受教育水平，通过形成性评估和总结性评估，在培训过程中进行精准的跟踪服务，使各类受训人员业务能力素质得到最大提升。

老挝农林与农村发展研究院下达的培训项目直接在中国—老挝合作农作物优良品种试验站开展，培训方案由中国—老挝合作农作物优良品种试验站中老双方工作人员沟通商量后共同制定，然后报老挝农林与农村发展研究院进行修改完善。老方没有提出具体的质量测评要求，中方只能根据自己与学员的口头交流，以及返村返岗后的实际生产成效测评培训质量。

以农业农村部下达的2020年澜湄次区域水稻绿色增产技术试验示范项目为例，该项目必须培训老挝、越南、柬埔寨等国示范基地的农技人员、周边农民，以推广水稻绿色增产技术，所以项目绩效指标就把涉外学员对培训工作的满意度预定为85％以上（表5-20）。

表5-20　2020年澜湄次区域水稻绿色增产技术试验示范项目绩效目标

政府购买服务事项名称		澜湄次区域水稻绿色增产技术试验示范
政府购买服务目录代码		125A0607
本合同服务报酬总金额		200万元人民币
总体目标	目标1：建立水稻绿色增产技术试验示范面积1 000亩 目标2：开展技术培训1 000人次，辐射带动面积超过1万亩	

续表 5-20

	一级指标	二级指标	三级指标	指标值
绩效目标	产出指标	数量指标	指标 1:建立水稻绿色增产技术试验示范面积	≥1 000 亩
			指标 2:开展技术培训	≥1 000 人次
			指标 3:品种筛选	≥4 个
			指标 4:辐射带动面积	≥10 000 亩
		质量指标	指标 1:建立示范面积完成率	90%
			指标 2:开展技术培训完成率	90%
			指标 3:品种筛选完成率	100%
			指标 4:辐射带动面积完成率	90%
		时效指标	指标 1:完成时间	2020 年 12 月 31 日前
		成本指标	指标 1:成本控制在预算内	200 万元人民币
	效益指标	经济效益指标	指标 1:水稻产量	提高 5%以上
		社会效益指标	指标 1:农业国际交流合作水平	有效提升
			指标 2:农业领域对外开放	更加积极稳妥地推动农业领域扩大对外开放
			指标 3:农业走出去水平	有效提升
			指标 4:树立中国负责任大国形象	履行东道国义务,树立中国负责任大国形象
		生态效益指标	指标 1:示范基地生态环境	有效改善
		可持续影响指标	指标 1:示范基地存续期	3 年以上
	满意度指标	服务对象满意度指标	指标 1:企业对公共服务满意度	≥85%
			指标 2:企业对政策支持满意度	显著提升
			指标 3:涉外学员对培训工作的满意度	≥85%
			指标 4:走出去企业满意率	≥85%

三、老挝留学生教育质量监测措施

老挝留学生教育质量监测由广西农业职业技术大学全程把控,老方仅在招生环节协助中方遴选学生。《来华留学生高等教育质量规范(试行)》(本章简称“规范”)是中方完善老挝留学生教育内部质量保障、开展自我评价的基本依据。

(一)招生和录取

广西农业职业技术大学按照招生规范要求开展招生工作,如实、准确、全面地发布招生相关信息,与老挝东坎商农业技术学院、占巴塞农林学院等合作院校保持紧密联系,请对方院校推荐品行优良、成绩优异的学生到学校就读,尽量提升生源质量。广西农业职业技术大学还开展来华留学生预科教育,进行汉语和学科基础知识教学,满足相应教育教学标准和规范的要求。学校每年在6月启动学历教育留学生招生程序,于7—8月完成材料审核、审批工作,报送学校审批,公示招录信息后报送上报文件至广西壮族自治区教育厅对外合作与交流处,在全国来华留学管理服务平台、广西壮族自治区教育厅来华留学管理系统录入相关信息,为留学生办理入境手续文件,保证9月留学生新生正常入学。

(二)教学过程监控

1.教学质量监控体系

建立参与的"国际教育中心-二级学院-留学生信息员"三级教学质量监控体系,加强对留学生教学质量的监控。

(1)国际教育中心参与二级学院制定教学过程各个环节的质量标准(如授课计划、课程标准)。

(2)二级学院建立教学日常工作检查监控制度,加强对开学前教学工作准备、期中教学检查、期末考试管理,实行日常教学工作检查常态化;评教又评学,教、学互动,相互促进。

(3)二级学院建立领导听课制度,充分发挥院系领导对教学的监控和指导作用,凸显教学监控重要地位。

(4)二级学院成立教学督导室,建立教学督导制度,加强对教学各个环节工作的指导与监督。

(5)二级学院建立留学生教学信息员反馈制度,向国际教育中心反馈留学生对教师教学、学生学习、教学管理等方面的意见,加强学院、教师、学生间的沟通。

(6)建立教学基本信息收集和统计制度,公布考试分析、统考通过率、补考、教学违纪等方面的信息,国际教育中心通过留学生班会开展监督。

2.教学质量评价

留学生教育工作接受学校教学质量督查工作,同时国际交流与合作处(国际教育中心）定期自查教学文件（含课程标准、教案和授课计划等）执行情况、教师对学生考勤情况和课程教学意识形态督查；参与学校组织的教学座谈交流会，就教学质量、教风学风等方面做好教师、学生、督导员三方的沟通与反馈。同时建立“领导-教师-留学生”三级教学质量评价体系，建立国际交流与合作处（国际教育中心）、二级学院领导和专任教师听课评价制度，师生共同对教学质量进行综合评价。

（1）制定《教学质量测评实施办法》，主要从教学品行（教学准备、守纪维纪、教书育人等）、教学水平（教学设计、教学方法、教学艺术、学识经验、过程控制、教具运用等）和教学效果（课堂气氛、知识掌握、技能熟练或产品质量）等方面对教师教学质量进行综合测评。

（2）每学期由国际交流与合作处（国际教育中心）、二级学院制定听课计划表，组织院处领导、教师和留学生按《课程教学质量测评听课评价表》的教学质量评价指标对任课教师进行教学质量测评。

（3）改革教学质量评价办法。逐步引入并建立由广西昇华农业科技有限公司等具有涉老农业业务的企业等共同参与的第三方教学质量评价制度，将毕业生就业率、就业质量、行企满意度等作为衡量专业教学质量的重要指标。

从留学生教育整个教学过程看，教师教学整体表现良好，师德教风较好，能够做到教学认真，教态规范，方法灵活多样，教学内容未发现存在意识形态方面的问题；留学生反馈教学氛围良好，满意学校课程设置，能够适应在华学习。

学校及时向广西壮族自治区教育厅对外合作与交流处留学生教育工作汇报相关工作情况，参与教育厅组织的留学生工作会议，听取教育厅的指导意见，进一步优化留学生教学与管理工作。学校近年来留学生教育与管理工作表现优异，获得广西高等教育学会外国留学生教育管理专业委员会的肯定，国际交流与合作处（国际教育中心）教师多次获得来华留学教育“优秀个人”和“优秀辅导员”的荣誉。

（三）毕业质量测评

老挝留学生在专业上的培养目标和毕业要求与中国学生一致，并且中文能力应当至少达到“国际汉语能力标准”四级水平，才能取得毕业资格。2021 级畜牧兽医专业高职专科留学生在 2024 年 6 月达到全部要求，顺利毕业，下文以该届学生的毕业要求作为案例展开介绍。

案例5-4

2021级畜牧兽医专业高职专科留学生毕业要求

1. 知识、技能和职业素养要求(表5-21)

表5-21　必备的核心知识、技能和职业素养要求

课程类别及课程名称		必备的核心知识要求	必备的核心技能要求	必备的核心职业素养要求
公共基础必修课	HSK辅导、中国概况、体育、计算机应用基础、就业指导与创业教育、心理健康教育、安全与健康教育等	①掌握必备的科学文化基础知识 ②熟悉与本专业相关的法律法规以及环境保护、安全消防等知识	①具有探究学习、终身学习、分析问题和解决问题的能力 ②具有良好的语言、文字表达能力和沟通能力 ③具有一定的信息加工能力和信息技术应用能力	①遵纪守法、崇德向善、诚实守信、热爱劳动 ②具有社会责任感和社会参与意识 ③具有质量意识、环保意识、安全意识、信息素养、工匠精神、创新思维 ④具有自我管理能力、职业生涯规划的意识,有较强的集体意识和团队合作精神
专业(技能)核心课(6～8门)	动物营养与饲料加工	①掌握必备动物营养基础知识和饲料原料的基本营养特点知识 ②熟悉饲料配方设计理论知识	①具有识别动物营养典型缺乏症的能力;具有常见饲料原料品种识别的能力 ②具有饲料检验化验基本操作的能力	
	动物遗传繁育	①掌握必备的畜禽选育与杂交改良理论 ②掌握必备的畜禽繁殖技术基本知识	①具有精液品质检查方法以及稀释液配制与精液稀释技术能力 ②具有母畜的发情鉴定与输精技术能力	
	养猪与猪病防治(养猪技术)	①掌握猪场场址选择和规划的原则 ②掌握种公猪、后备猪、妊娠母猪、分娩母猪、育肥猪的饲养管理要点	①具有鉴定母猪发情和人工输精的能力 ②具有识别典型猪种的能力	
	养猪与猪病防治(猪病防控)	①掌握猪传染病的基本理论知识 ②掌握常见猪病预防、诊断和治疗方法理论知识	①具有对猪场规范地进行消毒的能力 ②具有对猪只规范地进行免疫接种的能力;能科学地预防、诊断和治疗猪常见疾病	
	养禽与禽病防治(养禽技术)	①掌握家禽品种的类型及分类理论 ②熟悉鸡各阶段饲养管理以及生产关键技术知识	①具有正确识别家禽品种、家禽品种分类的方法的能力 ②具有禽蛋孵化能力。具有蛋鸡、肉鸡、种鸡、水禽等饲养管理能力	

续表 5-21

课程类别及课程名称		必备的核心知识要求	必备的核心技能要求	必备的核心职业素养要求
专业（技能）核心课（6～8门）	养禽与禽病防治（禽病防控）	①掌握家禽传染病流行过程和预防控制的知识、常规诊断和实验室诊断方法知识 ②掌握禽病毒性、细菌性、寄生虫病基本理论知识	①会进行禽群健康观察，会禽场消毒及病禽尸体的处理 ②会新城疫抗体检测方法，制定家禽常见传染病免疫程序和进行免疫接种；能防治常见家禽传染病、寄生虫病、普通病	
	养牛羊与牛羊病防治（养牛羊技术）	①掌握牛羊品种分类、特征、生产性能理论知识 ②掌握必备的牛各阶段饲养管理理论知识	①具有识别牛羊品种的能力 ②具有牛羊外貌鉴定、体尺测量和体重估测、年龄鉴定技术的能力	
	养牛羊与牛羊病防治（牛羊病防控）	① 掌握牛羊疫病基础的有关知识 ② 掌握牛羊各个系统常见疾病的防治措施知识 ③ 掌握牛羊常见营养代谢疾病和中毒疾病的防治知识	①具有常见的诊断方法对牛羊常见疾病进行诊断，并合理治疗的能力 ②具有牛羊寄生虫病、奶牛酮病、牛结核病、布鲁氏菌病、隐性乳房炎、酒精阳性乳的实验室诊断操作的能力	

注：每门课必备的核心知识、核心技能要求各 3 点左右，本专业必备的核心知识点和核心技能点各限定共 15 项左右，最多不能超过 20 项。

2. 学分要求

修完教学计划规定课程、教学项目，并达到表 5-22 所列学分要求。

表 5-22　学分要求

序号	教学项目		学分		备注
			小计	合计	
1	课程内教学	公共基础课	31.5	35.5	
		公共基础限定选修课	4		
		专业（技能）课	40.0	52.5	
		专业群（大类）限定选修课	12.5		
2	课程外教学	跟岗实习	12	39	3 个月（12 周），每周计 28 学时、1 学分
		毕业顶岗实习	23.5		23.5 周，每周计 28 学时、1 学分
		毕业论文（设计）	2		在跟岗实习期间完成
		入学教育	1		
		毕业教育	0.5		

四、老挝分校学生教育质量检测措施

在老挝政府层面，老挝分校制定的教学计划和课程安排等接受老挝教育与体育部职业教育司的检查与指导，按照国际学生人才培养方案的毕业要求培养老挝分校学生，由学校和教学系部制定教学过程中各个环节的质量标准，课程教学质量接受老挝教育与体育部教育质量评估，保证毕业生质量达到老挝教育与体育部2020年7月27日颁发的第3054号文《2021—2025年职业培训与职业教育发展计划》规定的"3点5要素"职业教育素质要求，即"民族性、现代化和科学性、大众性""素质教育原理、智慧教育原理、劳动教育原理、义务教育原理、艺术教育原理"。

在学校具体操作层，3年课程结束，学生完成中方和老方规定的全部课程，达到知识、技能要求和学分要求，同时通过汉语水平四级考试(HSK4级)，学生成绩实现双方互认，由中方和老方分别颁发专科毕业证书。中方毕业证获得中国教育部学历认证，老方毕业证获得老挝教育与体育部认证。

1. 成绩考核

(1)人才培养方案中所确定的课程，均须进行考试或考查。可根据课程特点采用不同方式进行考核，考试科目采用百分制评定成绩，考查科目采用等级制评定成绩(优秀、良好、及格、不及格)。每学段所开设的课程中，考试课程为2～3门，其余为考查课程，经考试或考查成绩合格，即获得相应的学分。

(2)学生必须参加HSK4级考试(汉语水平考试四级)，经考核、考试合格，获取相应证书。

(3)专业技能考核是指学校规定的专业技能项目由任课教师和实训指导教师主持考核，采用等级制评定成绩，并按规定权重纳入相应课程，综合评定课程成绩。

(4)毕业论文必须获得合格以上评审结论，否则应重新撰写。

(5)在中国境内开展的教学课程及岗位实习考核分别按照参照《广西农业职业技术大学关于加强高职生课程考核的管理规定(修订)》《广西农业职业技术大学高职生实习管理办法》执行。

2. 毕业条件

学生毕业必须同时具备以下4项条件：

(1)思想道德和职业道德合格。

(2)修完规定课程，成绩合格，畜牧兽医专业取得124.5学分，作物生产与经营管理专业取得128学分。

(3)取得 HSK4 级证书。

(4)毕业论文合格。

第四节　结　　语

广西农业职业技术大学通过建设中国—老挝合作农作物优良品种试验站、开展老挝农业人才培训、招收老挝留学生、开办老挝分校，构建了一个"研—学—产"递进的中国—老挝农业职业教育合作模式，创新了农业职业教育对外合作路径。首先，在合作理论层面，助推中国—老挝农业职业教育合作高质量发展的"研—学—产"共生系统，包括三要素：中老政府创设的政策、资金、信息等资源构成的共生环境，政校研企等共生单元，中心和试验站构成的共生平台。共生系统进化需要共生环境中的复合式驱动力，这个驱动力由合作前期政府政策、资金资源为主向，合作后期市场资源为主演进，并伴随着校研企三类共生单元从点对点到网络交织的合作团队塑形，以及"试验站＋中心"共生平台优化，以此推进"技术标准生成-农业培训标准-产业应用"研学产融合动态发展过程，助力中老培训合作由政府主导向产业牵引发展；其次，在合作实践层面，伴随"一带一路"倡议实践和中老命运共同体十年政治经济合作进程，中国—老挝农业职业教育合作前期由中老政府部门主导，投入政策、资金等重要资源并设定成果产出和分配等，学校和老挝农林与农村发展研究院依据政府宏观导向开展技术和品种研发，为牵动其他主体共同参与打下官方基础。合作中期老方内生动力得以激发，老挝东坎商农业技术学院和民众出于自身利益主动参与试验站技术和品种推广培训、留学生教育，呈现"政府＋产业"双驱动形态。合作后期受 RCEP 等影响，产业需求成为主导，中资企业作为技术应用、人才需求主体大规模介入试验站和中心运作，积极参与农业人才培训、留学生教育、老挝分校建设等育训活动，合作逐步进入自我造血发展路径；最后，在合作机制方面，学校以服务中国—东盟农业产业合作为轴心，推进"中国农业标准-老挝农业标准-东盟农业标准""中国职教标准-老挝培训标准-东盟职教标准"两个路径交织发展，在老挝以训促育，通过创造和提供技术、人才两种终端服务推进中方学校、科研院所、企业与老挝、澜湄区域、东盟各国产学研联动共生、互惠互利，促进中老农业职教全方位合作，推进中国与东盟内部职教标准异质交融。

第六章

中国—老挝农业职业教育合作效果评估与应用

要确保中国—老挝农业职业教育合作的有效性，效果评估是必要且关键的一步。通过效果评估，可以了解合作的质量和效率，为改进合作政策和合作路径提供指导，提高合作模式的推广应用价值。广西农业职业技术大学“研—学—产”合作模式有效培养了大批老挝农技人员、农民、留学生等农业人才，有效推进了中老农业、减贫等领域合作进程，促进了官方对农业职业教育合作增进中老两国共同利益的价值认同。同时，中方希望通过合作增强老方主体性和赋权，老方也诊断自己职业教育发展薄弱环节并提出发展需求，评价已有合作模式成效，提出对未来合作方向预期，向中方请求资源投入。中国职业教育服务“一带一路”倡议，“走出去”的格局已经形成，对外职业教育合作的路径、模式、机制等内涵建设急需研究，广西农业职业技术大学通过国际职教联盟及相关会议、国家级和自治区教学成果奖等途径，为中国职业教育“走出去”提供可参考、可借鉴的模式，提升“研—学—产”合作模式的应用价值。

第一节　中国—老挝农业职业教育合作效果评估

中国对老挝教育援助前期主要将资源投入于高等教育相关的合作办学、留学生教育和孔子学院建设等，惠及对象主要是老挝党政干部、富裕人群等少数群体，而农业职业教育合作是一种普惠性、互利性的教育援助形态，不但能促进中国农业产能输出，对外投资日益显著的功用毋庸置疑，而且对老挝国家具有促进农业转型发展、增加财政税收等显著收益，对于广大老挝贫困农民则是有效脱贫路径，因而上至老挝政府官员，下至老挝基层民众的发展利益都得以和中国—老挝农业职业教育合作紧密衔接，两国共同利益在合作中不断萌发成长。

一、培养大批老挝农业人才

农业职业教育与农业技术研发、农产品贸易、农业投资、农村减贫等中老合作重点领域相结合，提升老挝农技人员技术水平，促进老挝人口占比最大的农民群体劳动技能提升，人力资本增值，充分优化就业环境，弱势群体增收减贫成效显著，真正实现“共享发展”，彰显中国教育援助的人道主义特性和大国责任，促进中老最广泛的民心相通，具有成本低、受益面广、见效快的优势。

（一）以生产力升级需求为导向，培训多元化农业人才，激发老挝农业农村发展新动能

从2012年起，广西农业职业技术学院主要通过“中国—东盟农业培训中心”及“中国（广西）—老挝合作农作物优良品种试验站”两个平台开展对老挝农业人才培训工作，秉承“授人以鱼”不如“授人以渔”的培训指导方针，举办了63期培训班，累计培训老挝等东盟国家、南太平洋岛国以及非洲埃塞俄比亚等10余个国家2 757名农业官员、技术人员、农民等（表6-2）。其中，老挝相关农业人员是中国—东盟农业培训中心主要的培训对象。其他没有在册登记的到试验站参观学习的老挝农民过万人。

到中国—东盟农业培训中心参加培训的一般是老挝农业政府部门、研究院和农林院校的领导和研究员，覆盖面小，而依托中国—老挝合作农作物优良品种试验站，可以大规模培训老挝当地农业院校的教师、学生、技术人员和农民，有效降低培训成本，充分提高培训和技术推广的针对性和实效性，受益面广，效果显著，还通过试验站推荐14名老挝农业技术人员到中国攻读研究生，为老挝农业生产力升级发挥了积极的示范带动作用。截至2023年，试验站已经圆满完成第一期（2013—2018年）、第二期（2018—2023年）建设任务（表6-1）。

学校在培训工作（表6-2）方面积累了丰富的经验，取得了明显成效，获得了老挝有关方面的广泛关注和良好评价，筑起了两国间农业交流的桥梁。2024年5月，学校被农业农村部国际交流服务中心遴选为第二批农业涉外培训合作交流点。

表 6-1　中国(广西)—老挝农作物优良品种试验站第一、二期建设完成情况

实施年限	具体目标	验收者	实际完成情况	验收完成百分比	平均完成百分比
2013—2018 年	1. 筛选出适合老挝种植推广的农作物优良品种 35 个以上，其中水稻 9 个、玉米 7 个、蔬菜 14 个和果树 5 个	老挝农业部、老挝农林与农村发展研究院	1. 筛选出适合老挝种植推广的农作物优良品种共 48 个，包括瓜类蔬菜品种 31 个，水稻品种 2 个，果树品种 11 个、玉米品种 2 个、花生品种 1 个、牧草品种 1 个	因 5 种果树尚未结果，筛选总数计为 43 个。按品种总数来看已超额完成(120%)	99.7%
	2. 以位于万象市的中国—老挝合作农作物优良品种试验站和位于巴松市的试验分站为示范基地，辐射老挝全国，并在老挝万象市、万象省、占巴塞省、沙湾拿吉省、沙拉湾省和琅南塔省等 6 个省市示范推广水稻、玉米、瓜菜和果树等作物，面积 2 800 公顷		2. 通过每年举办的农作物种植技术培训以及相应的种植示范参观学习，同时组成专家小组去推广经过试种的技术和农作物品种，促进老挝万象市塞塔尼县啦快村、农哒村、潘东村、金花村、沙耶武里省巴莱县巴莱村以及占巴塞省巴松县化射村推广使用高产、优质及抗病虫害等作物优良品种及种植技术，面积为 2 833 公顷	超额完成(101%)	
	3. 免费为老挝培训农业技术人员 800 人次以上		3. 组织培训、传授技术、参观学习以及接收实习生进站实习等，共计 919 人	超额完成(114.8%)	
	4. 农业技术推广后作物单位产量提高 20%以上		4. 在试验站内进行单位面积产量工作方面试验。中国专家到试验站进行现场查定，哈密瓜产量比实施标准化种植前提高了 22.1%，火龙果产量提高了 19.5%，水稻产量提高了 17%，玉米产量提高了 19.6%，番茄产量提高了 14.7%	综合完成情况，可视为该项已达到目标的 30%	
	5. 安排老挝农业技术员 6 名到中国攻读硕士或博士研究生学位		5. 协调安排老挝农林与农村发展研究院直属的各所研究中心 8 名技术人员到广西大学攻读硕士或博士研究生学位	超额完成(133%)	

续表 6-1

实施年限	具体目标	验收者	实际完成情况	验收完成百分比	平均完成百分比
2018—2023 年	1. 在第一期合作基础上继续试验种植农作物新品种，筛选并推广适合老挝种植条件的新品种 15 个以上，其中水稻 1 个、玉米 1 个、蔬菜 8 个和果树 5 个	老挝农林部、老挝农林与农村发展研究院、中国（广西）—老挝农作物优良品种试验站、国际合作司种植司、纪委司、推广与合作司、金花村代表	1. 继续从中国引进各种农作物品种进行试种与筛选。筛选出水稻品种 2 个、玉米品种 3 个、蔬菜品种 8 个、果树品种 5 个，共计 18 个	超额完成（120%）	95.7%
	2. 中方协助乙方进行农业标准化研究，协助制定适宜老挝当地的农业标准化生产技术规程 5 项以上		2. 试验与制定适合老挝当地技术标准 5 个：火龙果标准化种植技术、杧果标准化种植技术、长茄标准化种植技术、青椒标准化种植技术、大豆标准化种植技术	完成（100%）	
	3. 以位于万象市的中国—老挝合作农作物优良品种试验站为示范基地，辐射老挝全国，并在老挝 5 个以上省份建立新品种新技术推广示范点		3. 实际建设推广示范基地 6 个：在老挝万象及周边建设火龙果标准化种植基地 3 个（因地点均在万象，验收实际按 1 个计）、在万象省建设 2 个鲜食玉米高产种植示范点、在老挝万象市塞塔尼县金花村建设与推广蔬菜大棚种植基地 1 个	因受疫情影响，示范点的建设未能按照二期合作备忘录的要求在老挝 5 个省份推广示范点（推广品种、推广技术）的目标任务。任务完成率为 60%	
	4. 免费为老挝培训农业技术人员 500 人次以上		4. 在试验站、金花村、占巴村、潘坎村、巴恩县呐坎村等地开展培训班、技术宣传、参观与技术交流等，接收实习生进站实习，共计 618 人次	超额完成（123.6%）	
	5. 安排 8 名老挝农业技术员到中国攻读硕士或博士研究生，并根据“中国—东盟农业培训中心”开班情况安排老挝农业技术员到中国短期培训		5. 选派 6 名老挝农林与农村发展研究院技术员到中国广西大学留学	因受疫情影响，未完成既定目标。任务完成率为 75%	

注：本表内容引自《2013 年中国—老挝合作农作物优良品种试验站备忘录》《2018 年中国—老挝合作农作物优良品种试验站备忘录》《试验站一期验收评估报告》《2018—2023 年“中国—老挝合作农作物优良品种试验站发展项目”工作报告》。

表 6-2　中国—东盟农业培训中心 2013—2023 年培训班

序号	培训班名称	人数	时间
1	2013 年老挝农作物种子生产与经营研修班	23	2013.11.5—12
2	2013 年东盟现代农业技术与食品安全培训班	13	2013.12.9—18
3	2014 年万象哈密瓜节暨农业技术交流学习	183	2014.4.8
4	蔬菜种植标准化培训班	16	2014.6.16
5	2014 年埃塞俄比亚农业职教校长培训班	10	2014.8.7
6	2014 年太平洋岛国农业技术培训班	4	2014.9.11—17
7	2014 老挝万象玉米种植培训班	51	2014.12.3
8	第四期老挝蔬菜种植与经营培训班	25	2014.12.23—27
9	蔬菜种植师资培训班	10	2015.1.19—23
10	2015 年老挝万象哈密瓜种植培训班	50	2015.4.4
11	2015 年万象哈密瓜节暨农业技术交流学习	55	2015.4.4
12	沙耶武里省巴莱县杂交玉米 LC188 现场培训会	90	2015.9.5
13	水肥一体化技术示范及杂交玉米 LC188 测产验收现场会	28	2015.12.15
14	2015 年玉米花生水肥一体化技术培训班	35	2015.12.31
15	水肥一体化技术示范及杂交玉米 LC188 测产验收现场会	50	2016.3.27
16	2016 年埃塞俄比亚农业职教官员及校长培训班	10	2016.4.25
17	火龙果标准化种植培训班	60	2016.7.18
18	杂交狼尾草制种技术培训班	57	2016.7.18
19	老挝水稻种植标准化培训班	25	2016.10.19
20	老挝玉米种植标准化培训班	25	2016.10.19
21	老挝番茄种植标准化培训班	11	2016.10.20
22	老挝农林部农业推广与合作社司农业培训班	22	2017.1.10—14
23	2017 年第一期火龙果标准化种植技术培训班	31	2017.5.5
24	2017 年埃塞俄比亚农业职教官员及校长培训班	15	2017.6.12
25	2017 年大棚蔬菜种植技术现场培训	18	2017.7.25
26	东盟优质杂交水稻种植技术培训班	20	2017.10.24—31
27	2017 年第二期火龙果标准化种植技术培训班	40	2017.11.27
28	2018 年广西—老挝无公害香蕉栽培技术培训班	53	2018.5.4
29	2018 年第一期哈密瓜标准化种植技术培训班	50	2018.5.19
30	2018 年东盟现代农业与食品生产加工技术学习交流活动	20	2018.5.22—29
31	老挝占巴塞省巴松市农业局技术员 Thepphanava Phetsamone	1	2018.5.14—2018.8.7
32	2018 年第一期老挝水稻绿色增产技术培训班	50	2018.7.26
33	2018 年第二期老挝水稻绿色增产技术培训班	50	2018.7.28

续表 6-2

序号	培训班名称	人数	时间
34	2018 年第二期老挝哈密瓜标准化种植技术培训班	50	2018.11.12—13
35	2019 年老挝柑橘种植管理技术培训班	50	2019.3.7
36	2019 年老挝杧果种植管理技术培训班	50	2019.4.24
37	东盟果树与蔬菜产业发展培训班	30	2019.5.16—23
38	中德农业青年人才交流项目德国农业青年 Inken Ursula Gauggel	1	2019.9.9—19
39	2019 年老挝火龙果标准化种植技术培训班	50	2019.9.26
40	2020 年中国—老挝减贫合作社区示范项目(二期)蔬菜种植技术培训班	50	2020.7.21
41	2020 年第一期老挝水稻绿色增产技术培训班	65	2020.8.18
42	2020 年第二期老挝水稻绿色增产技术培训班	50	2020.8.19
43	2020 年湄公河次区域老挝水稻绿色增产现场指导暨成果展示推介活动	30	2020.10.23
44	2020 年第三期老挝水稻绿色增产技术培训班	105	2020.10.24
45	2021 年老挝大棚蔬菜栽培技术培训班	60	2021.6.15
46	2021 年老挝大豆高效施肥技术培训班	60	2021.8.25
47	2021 年老挝杧果水稻绿色增产技术推广培训班	60	2021.9.1
48	2021 年度教育援外项目“畜牧养殖标准化生产东盟培训班”	30	2021.9.22
49	2021 年老挝大豆病虫害防治技术培训班	60	2021.11.2
50	2022 年老挝甜玉米生产技术规程培训班	60	2022.8.29
51	2022 年老挝万象糯玉米生产技术规程培训班	60	2022.8.30
52	2022 年老挝大豆标准化种植技术培训班	60	2022.10.24
53	2022 年老挝水稻生产全程机械化规程技术培训班	60	2022.10.29
54	2023 年老挝水稻水气平衡栽培技术培训班	56	2023.11.4
55	2023 年老挝大棚西瓜标准化育苗技术培训班	54	2023.11.7
56	2023 年老挝水稻机械化种植技术培训班	53	2023.11.13
57	2023 年老挝现代农业机械装备技术培训班	46	2023.11.16
58	2023 年老挝水稻稻飞虱综合防治技术培训班	56	2023.11.17
59	2023 年老挝现代农业机械化应用技术培训班	50	2023.11.30
60	2023 年老挝大豆标准化种植技术培训班	50	2023.12.28
61	2023 年老挝露地西瓜标准化种植技术培训班	50	2023.12.29
62	2023 年老挝玉米标准化种植技术培训班	50	2023.12.29
63	2023 年老挝火龙果标准化种植技术培训班	50	2023.12.29
总计		2 757	

老挝农业人才培训呈现以下特点：

第一，中老双方高度重视农业技术人才培训工作，以生产力升级需求为导向，培训频次高。农业是老挝国民经济的支柱产业，但其农业生产率和农业劳动技能水平过低。农业人才具备较丰富的农业知识和技能，能转变农业发展方式，生产力"升级"能为农业生产"加速"，从而释放农业的潜力和活力。因此，中老双方在农业职业教育合作中高度重视农业技术人才培训工作，如图 6-1 所示，2013—2023 年，学校持续面向老挝农业技术人员开展专项培训活动，年均开设培训班达 4.8 期，2023 年开设的培训班高达 10 期，开设培训班的频次高，覆盖面广。试验站第一、第二期的具体建设目标各为 5 项，其中关于农业人才的培训目标各占 2 项，占比为 40%。关于免费为老挝培训农业技术人员的目标任务，在两期建设中试验站均超额完成任务。

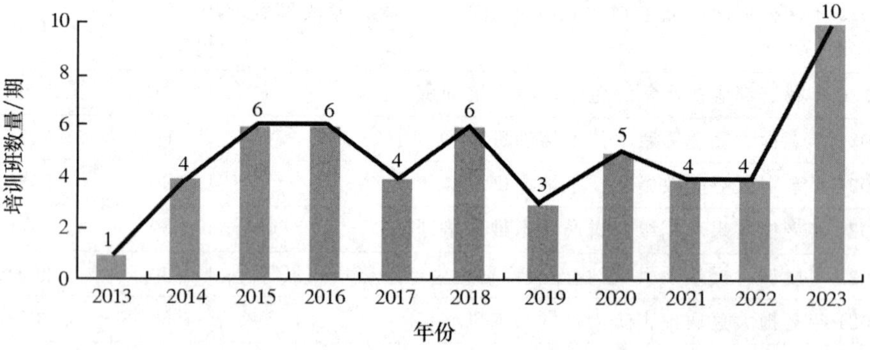

图 6-1　2013—2023 年面向老挝举办培训班数据对比

第二，培训多元化农业人才，激发老挝农业农村发展新动能。学校通过"中国—东盟农业培训中心"和"中国—老挝合作农作物优良品种试验站"联动，以老挝万象为中心、辐射周边地区，培训多元化农业人才，激发了老挝农业农村发展新动能。培训学员既有老挝政府管理人员、农业技术员，又有普通的种植户、农民等。培训的内容包括老挝目前急需的蔬菜种植技术、水果标准化种植技术、粮食作物种植技术及农业机械化应用技术，以及农村社区减贫发展等内容。

第三，因地制宜，增强培训的有效性。学校充分结合老挝的实际情况，向学员推介最新的农业技术，融入了授课教师最新的科研成果。由于老挝农业相对比较落后，老挝农业人员不熟悉现代农业技术知识，单纯的理论讲授难以实现培训目标。因此，学校给学员打造一个全实景、讲练一体的学习环境，将培训课堂搬到示范种植基地，因地制宜，依托中国—老挝合作农作物优良品种试验站、校内广西现代农业技术展示中心、种子生产与经营实训基地等基地，以及到广西金穗公司等农业龙头企业开展教学活动，观摩和部分参与基地中正在开展的作物育种、植物保护、动物疫病防治等不同类型的农业科研项目，学员能接触到前沿农业专业知识，短期高效培养学员的专业技术技能，让老挝农业人员听得懂、学得会、用得着，增强了培训的有效性①。

(二)“引进来”“走出去”双管齐下，老挝学生学历教育初具规模

1. 老挝留学生教育

学校自2019年开始招收老挝留学生，截至2023年12月录取作物生产与经营管理专业、畜牧兽医专业老挝留学生共101人，其中学历生76人(表6-3)。非学历生占比为24.75%，学历生占比为75.25%，学历生以专科学历为主，老挝留学生人数有序增加，已初具规模。

表6-3　广西农业职业技术大学老挝留学生录取情况

序号	留学期限	人数	招生渠道	学生类别	就读专业	备注
1	2019.3—2019.7	5	老挝东坎商农业技术学院	非学历生	作物生产技术、园艺技术、动物医学	已结业
2	2019.9—2020.7	20	老挝东坎商农业技术学院	非学历生	作物生产技术、畜牧兽医	已结业
3	2019.9—2023.7	26	老挝东坎商农业技术学院	学历生	作物生产技术、畜牧兽医	已毕业
4	2020.9—2024.7	20	老挝东坎商农业技术学院	学历生	作物生产技术、畜牧兽医	已毕业
5	2021.10—2025.7	25	老挝东坎商农业技术学院 老挝占巴塞农林学院	学历生	作物生产技术、畜牧兽医	
6	2023.9—2028.7	5	老挝教育与体育部、老挝东坎商农业技术学院	学历生	现代畜牧、作物生产与品质改良	
录取留学生总人数	101人(含学历生76人)					

为深入了解学校留学生人才培养情况，2023年学校通过调查问卷和访谈的形式调研了71名老挝留学生，回收有效调查问卷65份，最大年龄27岁，最小年龄18岁，平均年龄20岁。调研主要内容包括留学生学习适应性调查和教学效果调查。

(1)学习适应性调查

有72.31%的留学生适应力很强，很快就适应了大学环境。大多数留学生认为大学

① 赵波，稠美琦，吕峰，等. 中国—老挝合作农业技术人才培训实践探索[J]. 广西农学报，2020，35(1)：75-78.

的人际交往很重要，与同学、室友的关系融洽，能很好地融入班级，能与老师建立和谐的关系，有 66.15%的留学生能与中国学生交朋友，有 72.73%的留学生愿意与中国学生混合编班学习。多数留学生有明确的职业选择、学习目标与学习计划，能合理地安排学习时间，觉得在中国大学学习很有意思。有 1/3 的留学生能够认真学习，努力提高学习成绩，但有 41.54%的留学生认为各门功课只要及格就行。43.47%的留学生能经常去自习室自学功课，经常主动阅读专业书。

(2)教学效果调查

通过前期学习后，有 39.13%的留学生认为掌握了 60%以上的所学课程知识，有 60.87%的留学生认为自己掌握 30%～60%的所学课程知识。

学校的教学管理方面。大多数留学生对学校的教学管理制度、课程安排很满意。认为学校教室、学校图书馆、网络条件、校内实训基地等学习环境适合学习，能适应中国大学对学生的管理方式和适应中国大学的作息时间。多数留学生能适应大学的教学内容，适应老师的课堂管理方式，能跟上老师的教学进度。多数留学生认为教学内容和老挝所学知识能有效衔接，有 86.15%的留学生认为所学内容对老挝农业发展有实际作用。

汉语水平方面。大多数留学生上课时能够听懂老师和同学的话语，能够用中文完成老师布置的作业。30.77%的留学生在课堂能够用中文交流表达自己的观点，43.08%的留学生能阅读中文撰写的专业课课本并且能理解大概意思。

2. 老挝分校教育

广西农业职业技术大学老挝分校依托中国—老挝合作农作物优良品种试验站，中国—老挝现代农业工匠学院，共同培养"中文＋农业技术"技术技能人才。分校采用"老挝＋中国"联合培养的模式，即在老挝本土学习 2 年，在中国学习 1 年。这是广西农业职业技术大学实现本土特色教育"走出去"的重要举措，是国际化办学的重要里程碑，有效助推老挝农业职业教育发展水平[①]。

老挝分校建设伊始，东坎商农业技术学院院长和老师们看到老挝分校采购的教学桌椅和设备，以及开展中文课堂教学后都纷纷感谢广西农业职业技术大学对老挝提供的帮助，对老挝分校合作成果表示高度赞扬。2023 年 10 月 26 日，取得老挝教育与体育部部长签发的对广西农业职业技术大学老挝分校学历教育课程的支持批文，批文指出：该项目有利于老挝学生学习中国的现代化知识，对老挝人才培养具有积极作用，老方将

---

① 沈明，苏婷婷，汪少贤."澜湄合作"背景下广西—老挝农业职业教育合作的路径[J]. 太原城市职业技术学院学报，2023(9)：65-67.

支持并推进落实。此外，老挝教育与体育部对外合作司司长西琳通·撒罗坎、老挝国立大学校长乌冬·鹏坎平等也对分校办学模式表示高度赞扬。

老挝分校教育呈现以下特点：

第一，培养目标明确，人才培养机制完善。通过访谈及研讨，学校根据老挝学生的特点和需求，设定清晰的培养目标，分析生源的来源结构及专业分布与老挝农业产业需求之间的联系，在制定人才培养方案时既要考虑中国专业的要求又要兼顾老挝学生的实际情况，以更好地培养学生具备在相关农业专业领域从事现场技术应用工作应有的语言能力、专业技能与国际化职业素养。在此基础上，学校制定了《2019级畜牧兽医专业留学生人才培养方案》《2019级农作物生产技术留学生人才培养方案》《2019级留学生预科阶段专业留学生人才培养方案》《广西农业职业技术大学老挝分校2023级作物生产与经营管理专业人才培养方案》等9份老挝学生人才培养方案。

第二，人才培养完成了从“初具规模”到“内涵式发展”的质变。内涵式发展是对外职业教育合作的必然趋势，它强调的是在扩大老挝学生规模的同时，更加注重教育质量，提升老挝学生的综合素质和创新能力。实现内涵式发展的关键是持续开发建设适应老挝学生培养的优质教育资源。

学校借助中国—老挝合作农作物优良品种试验站暨中国—东盟(老挝)农业职业教育实践基地、老挝东坎商农业技术学院，以及炫烨(老挝)有限公司等在老中资农业企业等资源，开发2个专业标准和35个课程标准。其中，广西农业职业技术大学农业工程学院与东坎商农业技术学院在作物生产与经营管理专业工匠共建1个专业标准和17个课程标准；动物科技学院与东坎商农业技术学院在畜牧兽医专业工匠共建1个专业标准和18个课程标准。

学校“东盟特色药材种植与加工”等4个国际化课程，以及“养禽与禽病防治技术”等5个国际化培训资源包被自治区教育厅认定为广西壮族自治区面向东盟国际化职业教育资源。这些职业教育资源根据相关领域技术前沿发展要求不断更新，广泛开展跨国远程教学，促进老挝学生在技能培养、教学改革和技术应用方面的交流合作。

二、促进老挝等东盟国家农业发展和减贫

2015年，为推进“一带一路”建设和对外减贫合作，中国国际减贫中心和广西外资扶贫项目管理中心委托广西农业职业技术学院，依托该院在老挝承建的中国—老挝合作农作物优良品种试验站开展中国—老挝合作社区减贫示范项目建设。学校通过开展合作项目，派遣专家和技术人员，提供技术培训和咨询服务，提高农业生产效率，改善老挝

部分地区的农业基础设施,增强农民的技能水平,从而推动当地农业经济的发展和减少农村贫困人口。此外,学校还通过教育联盟、学术论坛等平台与老挝开展学术和技术交流,共享农业科研成果,促进了区域农业技术的进步和农业现代化水平的提升。这些举措有助于提升老挝等东盟国家的农业生产能力和减贫效果,加强了双方之间的利益融合,促进了地区的均衡、包容发展,深化了中老两国的友好合作关系。

(一)以试验园区和推广示范点为载体,辐射范围广

为落实国家"一带一路"倡议和推进对外减贫合作发展事业,学校加强与国内外农业科研单位的交流与合作,依托科研单位人才、品种、技术的优势,与广西壮族自治区农业科学院、炫烨(老挝)有限公司、老挝国家玉米研究中心、老挝国家水稻研究中心、老挝国家水果蔬菜研究中心等国内外科研单位开展作物新品种试验研究,在老挝开发了 8 个农业标准,75 个新品种,建设示范区或基地 13 个,推广 2 500 多公顷,减贫示范作用显著。2019 年开始,试验站陆续在老挝各地建立新品种新技术推广示范点,至今已在老挝塞塔尼县择金花村等 4 个乡村建立起技术推广示范点,指导农民进行有机蔬菜、火龙果、水稻种植。以试验园区和推广示范点为载体,组织老挝农技人员及种植户进行田间观摩、现场实训等活动,通过创建示范样板,发挥辐射带头作用,带动周边农户增产增收,农业提质增效。2020 年老挝农林部为学校颁发了"为老挝农业、林业和社会发展作出杰出贡献奖"。学校牵头澜湄合作水稻绿色增产技术试验示范项目,在柬埔寨、缅甸、老挝、越南 4 国培训 14 期 1 072 人次,建立基地 171.8 公顷,辐射 1 353 公顷(图 6-2)。

图 6-2 学校教师参与广西壮族自治区农业科学院越南基地水稻项目现场查定

(二)农业技术推广实践效果好、本土适应性强、推广效果显著

设施农业技术是中国的一项实用和适用的高产高效农业技术。老挝因雨季长、虫害多,传统的蔬菜种植收成并不好,导致蔬菜价格较高,而利用大棚技术来种植蔬菜则可以解决这些问题。2016 年,中国国际减贫中心和广西外资扶贫项目管理中心委托试验站合作开展中国—老挝合作社区减贫示范项目建设,试验站选择老挝塞塔尼县择金花村作为大棚蔬菜种植推广基地,该村位于首都万象市北部,在湄公河支流南俄河边,以往一到雨季,四溢的水流常常淹没农地。村民们缺乏农业设施和技术,面对这样的情况束手无策。减贫示范项目开始运行后,试验站在金花村建起 5 个大棚免费给村民使用。一个种植周期内,同样的种植面积,传统蔬菜种植每月卖菜收入折合人民币约 450 元,而在大棚里种植蔬菜每月收入可达 1 000 元人民币。经济效益明显提升,村民们争相申请使用大棚,试验站再次建起的 8 个大棚被村里的贫困户一抢而空。2017—2020 年,试验站还专门为老挝农业技术人员、种植户代表举办了 7 期培训班,培训内容为蔬菜、水稻种植技术等,培训人员 350 余人。起初金花村村民们没有经验,经过多次培训和现场指导,培训内容涵盖了从基础理论到实际操作技巧的各个方面,村民们在家门口学到了"现学现用"的技术。村民威尔康告诉记者,她以前在家种植水稻,丈夫外出打工,全家年收入折合人民币 5 000 多元。后来她认领了一个大棚,在试验站技术人员的指导下学会大棚蔬菜种植技术,一个季度光是蔬菜的收入就有 1 万多元人民币。现在丈夫回村和她一起种植蔬菜,家里建起了新房子。"种植大棚蔬菜让我家过上好日子。"威尔康由衷地说。金花村村民维欧以前缺乏农业种植技术,种植的水稻产量低,只能维持生计。后来,他到试验站开办的培训班里学习,用试验站推荐的种子及学到的技术种植有机水稻和蔬菜,种植的水稻亩产量比以前提高了 50 多千克,种植的蔬菜产量和收益也比以前大大提高,生活越过越好。在中方技术支持下,村民开垦荒地种植蔬菜,累计种植面积超过 500 亩。截至 2020 年,种上大棚蔬菜的农户每年可获得折合人民币 9 000 元左右的纯收入[①]。金花村从一个寂寂无名的贫困山村逐渐发展成远近闻名的蔬菜种植基地。中国农业技术在老挝实现本土化适应和推广,助力老挝农民增收致富,有效增加了经济收入和发展空间,切实推动了当地农业的发展。

2016—2020 年,金花村先后开展了两期中国—老挝减贫合作社区示范项目,中国政府无偿援助 112 万元,试验站无偿提供技术支持,提高了金花村自我发展能力和贫困户

① 李湘萍. 广西扶贫经验输出东盟 打造中国减贫"海外样板"[N/OL]. 广西日报,2020-01-16. https://www.bbrtv.com/2020/0116/518255.html.

增收减贫能力，为2017—2021年开展的东亚减贫示范合作技术援助项目（老挝部分）提供先行先试经验，万象市桑通县版索村和琅勃拉邦省琅勃拉邦市象龙村2个项目得以顺利推进并通过验收。

三、中老官方高度认可农业职业教育合作孕育共同利益的价值属性

农业一直是老挝国民经济的支柱产业，在高质量共建"一带一路"、构建中老命运共同体框架内，中国—老挝农业职业教育合作机制日益完善，合作效益日益明显，中老双方对农业职业教育合作孕育共同利益的认知得到大幅度提升，通过出台文件、声明、制度、互访等形式表明双方强烈的合作意愿、扎实的合作基础、明确的合作方向、显著的合作成果等，谱写了深化团结合作、携手共同发展的崭新篇章。

2014年3月，时任自治区党委书记彭清华率广西代表团访问老挝，其间考察了位于万象市塞塔尼县的中—老合作农作物优良品种试验站。彭清华书记充分肯定了"中国（广西）—老挝农作物优良品种试验站"取得的成绩，这是中国政府在东盟建设的第一个农作物优良品种试验站，将辐射带动老挝农业新技术新品种的推广应用，进一步推动广西与老挝农业合作发展，造福当地群众。希望双方共同努力，把试验站建成中国—老挝农业合作的示范项目。同时，他还指出广西的农业与老挝的农业具有高度的互补性，广西愿意在中国中央政府和老挝中央政府的支持下，推动广西的农业、畜牧业、水产业等与老挝的合作①。

2014年4月，老挝首都万象塞塔尼县隆重举行了首届"哈密瓜节"。老挝农林业部部长维莱万·蓬凯在"哈密瓜节"上表示，中国—老挝合作农作物优良品种试验站在短短的3个多月时间里就将哈密瓜试种成功，这是一个好的开端，希望中国加大对老挝的农业援助，通过试验站这个平台，把好的品种、新的技术引到老挝来，老挝也会加大对该项目的支持力度，使其成为两国农业合作的典范，让老中两国都能从中受惠②。

2014年5月，时任老挝国家副主席本扬视察中国—老挝合作农作物优良品种试验站，深入哈密瓜大棚等种植场地参观，对试验站的工作给予了充分肯定和高度赞扬。

2014年5月，时任广西壮族自治区主席陈武在南宁会见来访的老挝琅勃拉邦省代表团。陈武在会见时强调，广西与老挝的深厚友谊是中老传统友好合作关系的重要组成部分。近年来，广西与老挝在经贸、农业、教育等领域的合作不断发展，2013年双方贸

---

① 黎攀.彭清华率团访老挝万象 共话友好发展推动务实合作[EB/OL].（2014-03-29）[2024-03-09]. https://www.gov.cn/xinwen/2014-03/29/content_2649283.htm.

② 简文湘，韦波，贺亮军.开创中老农业合作典范[N].广西日报，2014-06-09(7).

易额达1 500多万美元，老挝留学生享受广西奖学金的比例一直位居东盟国家首位[①]。

2015年12月，时任老挝农林部部长佩彭皮帕出席中国—老挝合作农作物优良品种试验站举办的庆祝老挝建国40周年活动时表示，希望在中方农业技术人员指导下，试验站培育出更多的优良品种，开发出更高效的种植技术，推动当地大米产业化生产，为老挝减贫作出积极贡献。

2016年5月，时任老挝国家主席本扬对中国进行访问时，双边签署了《中老联合声明》。《中老联合声明》指出，双方要加强农业交流，推进无公害农产品贸易合作；继续加强在农作物育种、农业机械、生物质能源研发等领域合作；要扩大两国地方间合作，特别是沿边省份交流合作。

2016年9月，时任老挝政府副总理宋赛·西潘敦到广西农业职业技术学院下设的实训基地广西现代农业技术展示中心参观。其间，宋赛·西潘敦副总理充分肯定了学校与老挝在农业科学技术领域方面的合作及农业人才培养成果，希望今后进一步加强农业和教育领域的合作交流，让老挝农业干部和农民学到更多的现代农业技术。

2016年9月，时任老挝副总理宋赛·西潘敦谈到中国"一带一路"倡议与老挝发展战略的对接时，他表示，中国已是老挝的最大投资国、第二大贸易伙伴国，广西与老方合作，在老挝建立了现代农业示范区，传授中国先进的农业技术。老挝将为中国企业赴老投资提供更多便利，欢迎中国企业在矿产、水力、发电、酒店建设和旅游服务等方面与老方加强合作[②]。

2016年11月，宋赛·西潘敦副总理携老挝农村发展与消除贫困委员会副主席索姆萨尼·苏万那拉、老挝农林部副部长坎布纳、农林部办公厅主任、种植司司长、计划与国际合作司司长、老挝农林与农村发展研究院院长等40人到中国—老挝合作农作物优良品种试验站考察。宋赛·西潘敦副总理对试验站成功引种哈密瓜、火龙果、玉米、水稻、牧草、茄子等农作物新品种表示肯定和赞赏，对试验站今后在哈密瓜、火龙果等有机水果种植、品种推广及农业技术培训方面寄以厚望，并指出试验站培育的哈密瓜、火龙果等有机水果很受老挝人民的欢迎，可扩大种植以增加园区收入；试验站的技术培训班不但在万象举办，还要到其他省份举办，成熟的技术可以录制成视频放到老挝农林部网站上进行推广，让更多的老挝人民能学习到先进的种植技术，造福老挝人民。

2017年1月，老挝政府农业代表团在广西考察期间，老挝农林部农业推广与合作社

---

① 董文锋. 陈武会见老挝琅勃拉邦省代表团[N/OL]. 广西日报，2014-05-15（1），http://cpc.people.com.cn/n/2014/0515/c117005-25022043.html.

② 刘华新. 老挝副总理宋赛：东博会为中国东盟合作作出重要贡献[EB/OL].（2016-09-13）[2024-03-09]. http://news.cnr.cn/native/gd/20160913/t20160913_523132818.shtml.

司副司长宋昌·翁帕亚先生表示广西农业职业技术学院在老挝建立的中国—老挝合作农作物优良品种试验站影响很大,是中国—老挝农业合作的成功案例,希望在人员培训、农业推广等方面加强与学院合作。

2017年11月,在万象国家主席府为中共中央总书记、中国国家主席习近平举行欢迎晚宴时,时任老挝国家主席本扬说,老挝农业自然禀赋较好,但受困于资金和技术。习近平总书记回答说,农业领域可以成为双方合作的重点领域,中国不仅可以帮助老挝发挥自然优势,还可以帮助更多人摆脱贫困①。

2018年9月,时任广西壮族自治区主席陈武会见老挝副总理宋迪时表示,广西积极推进与老挝各领域交流合作,取得积极成效,中国—老挝合作农作物优良品种试验站目前已成为两国间农业合作的典范。广西将进一步加强与老挝在农业、扶贫减贫、干部培训、经贸、旅游等领域的务实合作,努力为中老关系发展作出更大贡献。宋迪对广西在农业技术推广、人才培训等方面给予老挝的无私帮助表示感谢,他表示老挝愿继续深化与广西各领域交往合作,希望更多广西企业到老挝考察投资发展②。

2021年,时任老挝国家主席府部长、老中合作委员会主席开玛尼·奔舍那在《老中务实合作诠释命运与共精神》中谈到,通过顶层设计、试点示范、区域合作机制等双边、多边平台,老中务实合作取得了显著成绩。老挝积极推广中国减贫经验和模式,学习中方"授人以鱼不如授人以渔"的减贫理念,提高村民生产技能,创造长期收益。中方不仅在资金上对老方提供支持,还在经验、理念、人才技术培训等方面提供支持。我们十分感谢中方的支持和帮助。中国谱写了世界减贫史上的奇迹,老挝愿继续加强与中国的合作。老中是患难与共、守望相助的命运共同体,我们为中国取得的发展成就感到由衷高兴。习近平总书记倡导的人类命运共同体理念日益深入人心。希望中国不断发展,为促进地区及世界和平稳定、发展繁荣作出更大贡献③。

2023年,由广西农业职业技术大学承办的中国—东盟农业职业教育论坛在南宁召开,老挝教育与体育部副部长康塔莉·司里彭潘公开演讲,她指出,老挝和中国两国关系有着悠久的历史,有着共同的未来,农业职业教育发展合作也是重要的关键之一。强烈支持与中国的任何合作,中国的农业职业教育发展可以使双方受益④。她还代表老挝教育与体育部表态,大力支持老挝农业职业教育发展方面的合作和活动,促进中国企业

① 坎本纳·塞亚农. 老中减贫合作成绩显著[N]. 人民日报,2020-10-15(3).

② 董文锋,周珂. 陈武会见老挝副总理宋迪[N]. 广西日报,2018-09-13(2).

③ 开玛妮·奔舍那. 老中务实合作诠释命运与共精神[N/OL]. 人民日报,2021-07-08(3),http://paper.people.com.cn/rmrb/html/2021-07/08/nw.D110000renmrb_20210708_5-03.htm.

④ 老挝教育与体育部副部长康塔莉·司里彭潘在2023年中国—东盟农业职业教育论坛的演讲摘录.

参与老挝的农业培训或 TVET 项目开发等。

党的二十大报告指出，促进世界和平与发展，推动构建人类命运共同体。构建人类命运共同体是世界各国人民前途所在，人类命运共同体的国际教育援助在本质上是共同体内部不同主体的互助合作行为，具有国际合作性、平等互利性、开放包容性的特征。中老命运共同体是人类命运共同体建设先行者和示范者，是中老两国落实"一带一路"倡议的升级版，"研—学—产"农业职业教育合作模式中农业技术研发、农民培训、留学生教育、海外分校建设等多种类型教育援助措施交叉融合，将中老命运共同体的"宏大概念"转化为中国与老挝两国的农业产能、投资、贸易、税收等宏观利益，也融为老挝农民等基层民众个人安身立命的切身利益和实用资源，催生两国合作最广泛的"顶天立地"的共同利益，促进中老命运共同体建立在老挝更深厚和更宽广的国家政权和社会民意基础之上。

第二节　老挝诊断农业职业教育合作及改进建议

中国—老挝农业职业教育合作应摒弃单向输出，追求双向互动的发展趋向，推进基于相互理解和尊重上的跨文化情境合作，在项目管理上中老双方共同参与，强调增强老方主体性和赋权，推进援助项目共商共建共享，增强老方农业职业教育自我发展能力。在合作实践中，基于需求导向原则，老方诊断自己职业教育发展薄弱环节并提出发展需求，评价已有合作模式成效和发展预期，这些是中方在秉承"授人以鱼不如授人以渔"的原则基础上，决定合作方向和资源投入的重要参考。

一、老方诊断中国—老挝农业职业教育合作存在问题

中方与老挝的农业职业教育合作虽成效突出，但在运行中也受内部与外部不确定因素的干扰，在国际会议、访谈及日常交流中，老挝政府部门官员、相关管理人员及职业院校师生集中反映了下列问题：

1. 顶层设计和合作机制有待加强

学校与老方的合作以援助为主要特点的垂直式合作模式为主，即政府、实施单位及个人等主体遵循以科层制为中心的垂直权力机制。一方面，发挥并优化了组织权利配置的作用，提高了援外项目的执行效率。另一方面，目前中老之间的农业职业教育合作多依赖于两国政府部门的沟通及下达的各种项目而达成教育合作协议，提及职业教育、人才培养、技术推广与培训、课程体系建设、学历认证、奖学金发放等多方面的合作政策，

但这些政策内容均散落在不同文件中，使得双方农业职业教育合作尚未形成系统的政策体系，无法提供系统性的制度保障①。

同时，双方合作的重要力量——职业院校、涉农企业等机构之间缺乏沟通渠道和自主权，在一定程度上限制了合作的形式及空间，影响了教育合作的成效。合作工作处于"点"式分布状态，尚未实现"面"的系统布局，没有形成体系合力。跨部门、跨地区、跨单位农业科技部门在垂直式合作模式中沟通协商、资源配置、对外联络等工作难以协同开展。以中国—老挝合作农作物优良品种试验站为例，前期完全按照事业单位的模式运营，未建立现代企业制度，存在重社会效益轻经济效益、自主权不足等问题，在一定程度上制约合作项目的可持续发展。

2. 农业职教国际合作配套体系不够完善

老挝部分地区土壤贫瘠，酸性强，易板结，改良难度大，但所需的仪器设备和农业投入品等跨境流动困难。在老挝当地采购农业生产资料极度困难，而且存在农资种类单一、质量较差、投入成本高等问题，导致部分合作项目难以有效开展。如从中国引进的种子价格较高，老挝农民没有经济能力购买种子，在一定程度上限制了优良品种的推广。

3. 合作效率有待加强

一方面，部分已签署的项目在执行过程中出现效率不高的状况。老挝教育与体育部职业教育司副司长万那列克·梁在2020年中国东盟农业职教论坛上指出，虽然老挝与中国许多农业院校存在合作关系，双方签署了很多合作备忘录，但一些项目只是部分落实，合作效率不高的状况仍然存在。另一方面，在老挝本土，老方在合作工作中对中方的支持力度不够、办事效率不高、执行力缺乏等情形也削弱了合作的效率和有效性，双方的相互协调性有待提升，防止出现合作向表面化、单向化发展趋势。

4. 合作主体力量不够丰富

目前双方合作的主体力量多为各级政府及职业院校，中老企业和行业参与度仍然不足，导致学生的实践能力和综合素养难以满足市场的需求。

二、老方对促进中国—老挝农业职业教育合作的建议

为促进中国—老挝农业职业教育合作健康有序发展，老方根据实际情况提出了相应的对策建议，主要包括加大资金扶持，加强顶层设计，加强职业标准、课程标准、课程资

① 张义民，孙杰. 高质量发展视域下中国—东盟职业教育深度合作的推进策略[J]. 当代职业教育，2023(5)：78-85.

源包等资源的认定与输出等。

1. 加大资金扶持

中老两国的职业教育发展水平存在较大的差距，在合作进程中，中国处于净输出状态，而老挝基本是处于净输入状态①。长期以来，老挝经济比较落后，国家教育在发展过程中存在教育投资不足、师资不足等问题，教育事业发展较为缓慢。因此老方迫切希望中国能够继续加大对中国—老挝农业职业教育合作的支持，争取获得中方更多的政策支持和资金扶持，用于支持当地的农业职业教育基础设施、实训基地的建设。例如，由中方拨款配备课程教学和实习实训所需的教学装备，在教室配备多功能投影仪、音响、麦克风等电器类设备，在实训场地引入水肥一体化大棚栽培设施等。

2. 加强顶层设计，整合相关政策，健全沟通与监督机制

加强中国—老挝农业职业教育合作机制的顶层设计、制定系统政策，建立健全监管评估体系、扩大参与主体等，以形成惠及双方的良性循环。在顶层设计方面，将现有零散分布在各政策文件中的内容进行整合，并制定更具有综合性与引领性的支持政策，为双方合作提供制度保障。坚持需求导向，老方建议应根据老挝社会发展对当地人才的需求聚焦合作的方向及重点，打造优势专业，帮助老挝培养优秀的农业人才。注重分析相关需求，统筹协调相关资源，总体规划，反之则易导致各层次学校各自为政，形成粗放式、碎片化的合作局面②。近年来，中国政府及相关部门逐渐意识到该问题并加以改进。以广西农业职业技术大学为例，2023 年，学校获批成立中国—老挝现代农业工匠学院，将项目以“政产学研企共建”模式进行建设，通过政府引导、搭建平台，学校、科研院所、行业企业协同开展人才培养，共同研发推广职业教育和农业技术标准，开展应用示范，吸纳师生、技术工人积极参与，合力建设集人才培养、科学研究、社会服务、人文交流等多功能为一体的综合示范基地，打造面向老挝的农业职业教育开放合作新高地。

同时，老方建议针对已签署的合作备忘录建立联合监督机制，分步实施，实行动态过程监督评估，使合作项目能真正落地，防止出现一哄而起和虎头蛇尾的状况。

3. 加强职业标准、课程标准、课程资源包等资源的认定与输出

围绕老挝农业转型升级需求，共同开发、完善一批符合当地需求的教学资源，包括

---

① 叶安明. 中老职业教育合作发展的对策研究[D]. 天津：天津大学，2019.

② 周谷平，韩亮. “一带一路”倡议与教育外交[J]. 比较教育研究，2018，40(4)：3-9.

国际化专业教学标准、课程标准和培训资源包。及时配置能满足人才培养、专业建设、科研等工作需要的图书文献。同时,发挥资源优势,中老双方共建职业教育和农业技术标准,促进技术技能人才协同培养,服务中国—东盟产业发展。吸收老挝传统农业技术的绿色发展合理内核进行创造性转化和创新性发展,制定并推广符合老挝当地需求的职业教育标准和农业技术标准,进一步提高互联互通水平。

4. 丰富奖学金渠道和类型,提升教育合作学历层次

形成以政府为主导、企业及相关机构为辅助的多元化奖学金体系,完善奖学金资助内容,继续提高两国学生交流和留学的比例,以实现资源共享,互利共赢。

在学历方面,当前主要依靠专科生作为增长极。以广西农业职业技术大学为例,截至2023年12月,老挝非学历生占比为24.75%,学历生占比为75.25%,学历生以专科学历为主。老方人员建议在专科培养的基础上,提供"专升本"渠道,以提升老挝农业职教留学生的学历层次。

5. 增强老挝学生就业服务质效

在中国—老挝农业职业教育合作进程中,老方希望中方能对老挝学生做好就业引导教育、就业信息供给和就业指导服务,能推荐学生到中方校企合作的企业就业,千方百计解决学生的就业问题。

6. 加强老挝师资建设

老方希望定期开展教师提升项目,能为老方教师及技术员提供更多赴中国培训与进修的机会,并能解决老方人员在中国境内食宿和培训费用,并开展线上专业技术技能培训、语言培训、文化交流等。派驻中方教师和吸纳中资农业企业人员参与老挝分校教学。

7. 引入企业资源充分参与合作

目前,中老双方农业职教合作的主体仍是以政府部门和高校为主。产教融合是职业教育的本质特征,校企合作是职业教育的基本形式。因此,在国际教育合作进程中,企业是不可或缺的要素之一。时任老挝教育与体育部副部长孔习·萨曼尼在2019中国—东盟职业教育联展暨论坛上公开发言并指出,在职业教育的全过程,要重视吸引相关企业积极参与,由企业与职业教育院校共同开展培训及考核。鼓励双方的企业通过提供实习和就业机会,让学生更好地理解和掌握农业行业的实际需求,建立政府主导、院校培养、行业指导、企业参与的合作办学模式。

第三节　“研—学—产”农业职业教育合作模式的推广应用

“一带一路”倡议提出10年来，国内国际双循环良性互动加快，中国职业院校持续服务中国企业走出去，中国职业教育国际化已经从过去的以“引进来”为主的格局转向了“引进来”和“走出去”并重的格局，尤其以“走出去”的格局占据了主导地位。中国职业教育国际化已经进入内涵式发展阶段，未来仍有一系列工作可以持续推进[①]。广西农业职业技术大学通过国际职教联盟和会议、申报国家和自治区教学成果奖等途径推介“研—学—产”合作模式，为中国职业教育国际化发展提供一个范例。

一、国际职教联盟和会议推广“研—学—产”合作模式

在2019年12月18日举办的中国—东盟农业职业教育交流会上，东盟5个国家的8所院校，国内的20所涉农院校共同作为联盟的发起单位；2020年举行第二届中国—东盟农业职业教育交流会暨中国—东盟农业职业教育学术论坛，中国—东盟农业职业教育联盟举行了揭牌仪式。2023年9月通过2023中国—东盟农业职业教育论坛这个交流平台，又有3所院校、7家涉农企业加入，成为联盟的成员单位。学校本着坚持平等、自愿、开放的原则发展联盟成员，联盟的力量不断发展壮大。目前，联盟成员单位共38家，遍及东盟5个国家，其中高校21家、中职10家、企业7家，来自中国、老挝、泰国、越南、柬埔寨、马来西亚6个国家，基本涵盖了中国—东盟农业职业教育的各个方面，具有广泛的代表性，为联盟的健康发展奠定了基础。

联盟理事会为联盟最高权力机构，由理事长、副理事长、秘书长、副秘书长、理事组成。

(1)理事长单位1个　广西农业职业技术大学。

(2)副理事长单位8个　中国—东盟职业教育研究中心、江苏农林职业技术学院、江苏农牧科技职业学院、广东科贸职业学院、广西玉林农业学校、隆平高科信息技术(北京)有限公司、广西金穗农业集团有限公司、老挝东坎商农业技术学院。

(3)秘书长单位1个　广西农业职业技术大学。

(4)副秘书长单位8个　成都农业科技职业学院、重庆三峡职业学院、山东畜牧兽医职业学院、广西职业技术学院、广西生态工程职业技术学院、广西工商职业技术学院、广

① 吕景泉，赵文平，张磊．中国职业教育国际化的进展与方略——2022年职业教育国家级教学成果奖“国际化”主题获奖成果分析[J/OL]．中国职业技术教育，2023(25)：79-85．

西水产畜牧学校、广西扬翔股份有限公司。

(5)联盟理事单位9个　云南农业职业技术学院、广西制造工程职业技术学院、广西农牧工程学校、广西桂林农业学校、广西梧州农业学校、广西钦州农业学校、广西机电工程学校、广西八桂农业科技有限公司、泰国马哈撒拉坎农业技术学院。

(6)联盟成员单位12个　广西壮族自治区农业干部学校、广西壮族自治区农业广播电视学校、广西百色农业学校、湖南炫烨生态农业发展有限公司、广西昇华农业科技有限公司、广西皓凯生物科技有限公司、老挝占巴塞农林学院、老挝甘蒙职业技术学院、柬埔寨波雷烈国立农学院、马来西亚博特拉大学、泰国孔敬农业技术学院、越南国立农业大学。

通过年度中国—东盟农业职业教育“联盟＋论坛”的形式，学校向中国和东盟的农业和教育官员、职业教育研究专家、农业职业院校领导和教师推介了学校国际交流基本情况、“研—学—产”农业职业教育合作模式等，其他农业职业院校也分享了各自国际交流合作的经验做法，就“推进产教聚焦，构建融合共同体”“深化交流合作，赋能高质量发展”等中国—东盟农业职业教育交流合作展开深入讨论。

此外，学校还通过中国—东盟职教论坛、中国东盟社会发展与减贫论坛等国际会议平台等国际会议发布主旨演讲，推广学校面向老挝等东盟国家，在“澜沧江—湄公河合作”“一带一路”倡议等中国对外合作框架下，开展农业技术培训、农业技术标准输出、农业技术减贫等农业职业教育合作等方面的经验做法和成效(表6-4)，打造中国—东盟农业职业教育新高地，树立国际农业职业教育合作“广西”品牌。

表6-4　广西农业职业技术大学2020—2023年参与国际会议推广“研—学—产”合作模式

时间	国际会议名称	主旨演讲名称	主要内容	会议参与方
2020年12月	中国—东盟农业职业教育论坛	服务澜湄农业合作，助推中国—东盟区域发展	广西农业职业技术学院服务澜湄农业合作的探索与实践。广西农业职业技术学院先后在老挝、越南、印尼、缅甸等国建设了6个现代农业科技示范基地，通过输出农业和教育技术、推广中国标准，在中国与东盟国家交流合作、服务东盟国家的农业发展取得成效	中国教育部、农业农村部、中国—东盟职业教育研究中心、老挝驻南宁总领事馆副领事万赛、越南驻南宁总领事、中国广西农业职业技术学院等27所涉农院校和企业的负责人及代表们约100人出席会议。老挝教育和体育部技术职业教育司嘉宾及东坎商农业技术学院等11所东盟院校代表线上参加会议

续表 6-4

时间	国际会议名称	主旨演讲名称	主要内容	会议参与方
2021 年 9 月	中国—东盟农业职业教育论坛	“一带一路”倡议下中国—老挝农业职业教育合作路径探索	“一带一路”倡议下中国—老挝农业职业教育合作的动因、现实问题、合作路径的建构	广西农业职业技术大学、广西民族大学、西北农林科技大学、广西职业技术学院、重庆三峡职业技术学院、广西昇华农业科技有限公司、泰国孔敬农业技术学院等中国 29 所涉农院校和企业的负责人及代表们约 100 人线下出席会议，老挝东坎商农业技术学院等 12 所东盟院校代表线上参加会议
2023 年 6 月	第 17 届中国东盟社会发展与减贫论坛	发挥农业职教优势，全面赋能乡村振兴	服务“三农”办学理念，确保农业职教“向农而行”；推进产教融合，培养高层次技术技能“新农人”；深化社会服务，科技为乡村振兴装上“助推器”；坚持国际化办学，实现职教与乡村振兴合作共赢四个方面，阐述广西农业职业技术大学服务乡村振兴的经验做法和取得成效	中国国家乡村振兴局、广西壮族自治区领导，中国和东盟国家相关政府部门代表，有关东盟国家驻华使领馆代表，国际组织、非政府组织代表，专家学者、企业代表共 200 余人
2023 年 9 月	中国—东盟农业职业教育论坛	深化“政—产—学—研”融合，推动职业教育开放合作的实践探索	广西农业职业技术大学在“政—产—学—研”融合发展，推动中国与东盟职业教育开放合作的实践经验做法和成效	中国、老挝、泰国、菲律宾、柬埔寨、缅甸 6 个东盟国家共 50 多个政府机构、院校、研究所、企业的 100 余位代表参会讨论
2023 年 12 月	中国—东盟职业教育高端智库建设论坛	老挝职业教育改革与发展	聚焦“老挝职业教育概况”和“老挝职业教育院校发展”，介绍广西农业职业技术大学面向老挝开展职业教育交流合作的实践与成效	中国、印度尼西亚、泰国、马来西亚、新加坡、柬埔寨、老挝等国家的近 500 位主要代表参会

二、“研—学—产”合作模式研究及成果奖培育

2019 年 10 月，北京师范大学国际与比较教育研究院以及《比较教育研究》编辑部到学校，就学校与东盟国家的教育合作情况进行调研，其后两校通过接收访问学者、博士研究生和硕士研究生毕业论文选题研究、教育援助课题研究等多种形式，开展深度合

作，学校对中国—老挝农业职业教育合作的研究能力得以有效提升，为提炼总结合作模式、培育教学成果奖打下扎实基础。

学校本着特色化、体系化、循序渐进的原则，开展中国—老挝农业职业教育合作系列教学成果培育，形成"研—学—产"合作模式系列成果，为其他学校开展对外职业教育合作提供了一个可参考、可复制的模式。

1. 技术导向•基地支撑——科研助推基层农业技术技能人才培养的探索与实践

学校基于科教融合育人理念，发挥广西现代农业技术展示中心和中国—老挝合作农作物优良品种试验站科研育人资源，探索"研究—实训—应用"培训方式，应用参与式培训理论，构建一个"五步循环"的标准培训流程，开展定制化培训。这个流程主要有5个环节：①培训定位；②确定培训技术需求；③制定培训计划；④实施培训；⑤培训项目评估及反馈。同时组建了中外培训团队，开发了培训课程，依托校内广西现代农业技术展示中心开展实训教学。此外，结合中国援外项目的工作要求和老挝当地实际情况，围绕培训教学、技术推广、技术研发、生产经营、观光旅游、国际交流"六位一体"功能，逐步推进中国—老挝合作农作物优良品种试验站建设的"本土化"进程。这些教学改革举措有效解决了中国与老挝、越南、斐济、埃塞俄比亚等国农业技术人员培训差异性问题。2019年《技术导向•基地支撑——科研助推基层农业技术技能人才培养的探索与实践》获得广西壮族自治区人民政府颁发广西职业教育自治区级教学成果等次评定一等。该成果主持人为禤美琦，成果完成单位为广西农业职业技术大学、广西现代农业技术展示中心。

2. 平台支撑 科研助推 精准帮扶："1+N"乡村人才培训模式本土与异国实践

学校服务中国(广西)援助老挝减贫发展的国家战略，首先系统梳理学校在服务广西脱贫攻坚、乡村振兴中的举措和成效，形成"1+N"乡村人才培训模式，并将"研究—实训—应用"培训方式进一步完善为"研—学—产"合作模式，通过这一模式克服中老农业发展水平的技术障碍和农业职业教育跨国合作效费比低的成本障碍，成功将"1+N"乡村人才培训模式向老挝推广，具体教学改革举措包括："中国—东盟农业培训中心+中国—老挝合作农作物优良品种试验站"形成跨国科教融合平台，整合中老政校研企四方政策、技术、资金、人才、土地、生产经营等资源；科研与扶贫培训深度融合，将试验站产出的老挝农业标准、新品种等科研成果物化为老挝农业人才培训内容；试验站选送老方农业官员、农技人员到培训中心参加培训，培训方式为"学院理实课堂+广西农企生产课堂+广西新农村样板课堂+老挝农家课堂"，培训师资配置为"广西科研人员+广西农企管理人员+广西新农村村干部等"；培训中心也在试验站开展规模化培训，培训目标主要是老挝农民、农技人员、农业官员等，培训方式为"试验站田间课堂+中资农企生产课堂＋老挝扶贫点样板课堂＋老挝农家课堂”，培训师资配置为“试验站中老科研人员＋中资农企管理人员＋老挝扶贫点村干部等”；由中老两国农业部门主导，试验站中老建设方、老挝学员、中资农企等参与的试验站建设考核将农技研发推广、人才培训列为主要指标，考核结果作为优化试验站建设重要依据。“1＋N”乡村人才培训模式应用成效显著，形成的“平台支撑　科研助推　精准帮扶：‘1＋N’乡村人才培训模式本土与异国实践”成果获得教育部颁发2022年职业教育国家级教学成果奖二等奖。成果主持人为禤美琦，完成单位为广西农业职业技术大学、广西现代农业技术展示中心、老挝农林与农村发展研究院。

3.跨国“研—学—产”融合助推老挝农业人才培训高质量发展的十年创新实践

2013年中国—老挝合作农作物优良品种试验站建成后，学校以其为核心开展农业技术研发与推广、农民培训、农业产业化合作等系列合作举措，有效解决老挝农业人才培训资源缺乏整合机制、中老农业人才培训规格差异、育训未能协同发展等问题，具体教学改革举措包括：第一，中老政府营造政策等环境，支持学校建设中国—东盟农业培训中心和中国—老挝合作农作物优良品种试验站，校研企组建合作团队，“中心＋试验站”将人才培训和技术研发融合，生成“共生环境-合作团队-融合平台”研学产共生体，为培训合作奠定基础；第二，学校与老挝农林院等点对点合作研发农技标准，通过试验站研学活动将技术标准转化为培训标准，中资企业加入技术研发和培训活动，形成“技术标准—培训标准—产业应用”研学产融合递进链，推进老挝农业人才培训行动；第三，中方依据试验站经验构建中国—东盟农业技术推广体系，企业依托试验站面向东盟开展产业合作，学校建设中国—东盟农业职教联盟，以训促育，推进职教标准共建共享，由此构建“中国—老挝—东盟”产学研区域递进层级体系，助力职教全方位合作。由此形成的“跨国‘研—学—产’融合助推老挝农业人才培训高质量发展的十年创新实践”成果获得广西壮族自治区人民政府颁发2023年广西职业教育教学成果等次评定一等。成果主持人高崇敏，完成单位为广西农业职业技术大学、广西壮族自治区农业科学院、老挝农林与农村发展研究院、老挝东坎商农业技术学院、炫烨（老挝）有限公司。

未来，随着学校老挝留学生教育、老挝分校办学、中国—老挝现代农业工匠学院建设的深入，对老合作的学历教育版块将取得显著成效，中老“研—学—产”农业职业教育合作模式的内涵将更为全面。

第四节　结　　语

“一带一路”倡议、中老命运共同体都体现了中老两国对共同利益的追求，农业职业教育合作是实现共同利益的重要路径之一。中老两国在政治体制上一致，在文化上相近，在经济发展水平上相差较大，整体国情具有显著差异性，制度供给是两国农业职业教育合作的支撑与推动力，制度约束规定了组织运作的范围，能够帮助我们理解农业职业教育交流合作的博弈规则与中老双方教育交流合作行为之间的互动，无论合作形态是致力于农业技术研发与推广、农村减贫等生产性活动还是留学生教育、老挝分校建设等非生产性活动，都是制度约束为这些合作形态提供了激励结构[①]。因此，中老双方循序渐进构建合理的合作机制，提供有效的制度供给，培育了"研—学—产"合作模式，厘清了中国—老挝农业职业教育合作的本质内涵以及合作中共同利益的实现路径，农业职业教育合作得以有效运作，有力推进世界最不发达国家之一的老挝发展农业和职业教育，消除贫困，也助力了中国农业产能输出，农业企业走出去，得到了中老两国官方的高度认可。未来，中国—老挝农业职业教育"研—学—产"合作模式可为中国与其他发展中国家开展职业教育合作提供中国智慧和方案。

① 刘艳玲."一带一路"高等教育交流合作的制度供给[J].江西社会科学,2018,38(12):247-253.

参考文献

[1] 白滨,吕欣姗.东盟国家职业教育研究[M].北京:北京师范大学出版社,2020.

[2] 畅华仪,张俊飚,张蕙杰,等.中—老农业科技合作发展的调查分析及对策思考[J].中国工程科学,2019,21(4):100-104.

[3] 陈莹.中国对东南亚教育援助论析[J].东南亚研究,2019(3):117-136,157-158.

[4] 陈玉芳(LUANGKILI LEOKHAM).中国对老挝教育援助与中老教育合作研究[D].昆明:云南大学,2019.

[5] 仇海霞,普丽达,王兆阳.跨文化背景下高职来华留学生心理适应的现状调查研究——以江苏农牧科技职业学院为例[J].湖北开放职业学院学报,2021,34(22):55-56,59.

[6] 邓海霞,施建平.老挝佛教的“生活化”特征[J].法音,2018(7):59-63.

[7] 高小慧,卫佩行.高职园林专业国际化办学实践与思考——以江苏农林职业技术学院为例[J].教育教学论坛,2022(8):120-124.

[8] 广西外资扶贫项目管理中心.合作减贫共促发展:中国(广西)援助老挝减贫示范合作项目实践与探索[M].桂林:广西师范大学出版社,2021.

[9] 郭珊,徐梦佳.职业教育国际合作的实践与经验——2016年中国—东盟职业教育发展论坛综述[J].职业技术教育,2016,37(30):68-71.

[10] 何思雨,赵岩.中国与老挝职业教育交流合作的实践样态与优化策略——以广西高职院校为例[J].柳州职业技术学院学报,2022,22(3):88-92.

[11] 和光.广西农业职业技术大学服务乡村振兴人才培训模式[J].职业技术教育,2023,44(26):1.

[12] 胡晓兵,陈凡.农业技术哲学概论[M].沈阳:东北大学出版社,2008.

[13] 胡晓兵.现代农业技术异化解析[M].沈阳:东北大学出版社,2007.

[14] 黄尧,邓文勇,陈伟.“一带一路”建设背景下中国—东盟职业教育合作:动因与路径[J].教育科学,2020(4):83-89.

[15] 蒋鸣明.“一带一路”倡议下高职院校来华留学生教育管理机制研究——以江苏农林职业技术学院为例[J].农机使用与维修,2021(11):117-118.

[16] 蓝洁，唐锡海.“一带一路”倡议下职业教育服务国际产能合作的行动与展望[J].中国职业技术教育，2018(6)：5-12.

[17] 李东航，张祺午.职业教育国际合作的理论创新和实践探索——“2023中国—东盟职业教育发展论坛”综述[J].职业技术教育，2024，45(6)：8-12.

[18] 李洪辰，刘志兵.发达国家农业转移人口职业教育培训的经验研究[J].世界农业，2014(10)：167-170.

[19] 李孟竹，赵岩.“一带一路”倡议下云南与老挝职业教育实践样态与交流合作探索[J].昆明冶金高等专科学校学报，2022，38(5)：20-27.

[20] 李梦卿，张欢.我国农村职业教育发展：从农业化走向城镇化[J].职教论坛，2014(8)：55.

[21] 李枭鹰.老挝高等教育政策法规[M].桂林：广西师范大学出版社，2013.

[22] 李志永.新型核心利益观与人类命运共同体的构建[J].西北师大学报(社会科学版)，2023，60(2)：18-27.

[23] 李宗盛.影响中国在老挝农业投资的因素分析[D].昆明：云南师范大学，2018.

[24] 梁运文，崔潇.新时代十年中国—东盟命运共同体研究：脉络与前瞻[J].广西大学学报(哲学社会科学版)，2022，44(4)：140-147.

[25] 林震，邱金林，潘文生.广西与东盟国家构建职教共同体的创新实践个案研究[M].桂林：广西师范大学出版社，2022.

[26] 刘丽萍，孙炜琳，刘丽，等.异质性农技培训主体对农户绿色农业技术采纳行为的影响研究[J].中国农业资源与区划，2023，44(4)：162-171.

[27] 刘笑阳.国家间共同利益：概念与机理[J].世界经济与政治，2017(6)：102-121，159.

[28] 刘笑阳.新时代中国的共同利益论与大国责任论[J].东北亚论坛，2021，30(3)：19-32，127.

[29] 刘永强，胡贵勇.农业现代化进程中农民工职业教育与培训[J].继续教育研究，2016(2)：42-45.

[30] 卢光盛.澜沧江—湄公河合作发展报告(2022)[M].北京：社会科学文献出版社，2022.

[31] 卢光盛，聂姣.澜湄合作的动力机制——基于“利益-责任-规范”的分析[J].国际展望，2021，13(1)：110-129，157.

[32] 吕景泉，赵文平，张磊.中国职业教育国际化的进展与方略——2022年职业教育国家级教学成果奖“国际化”主题获奖成果分析[J/OL].中国职业技术教育，

2023(25):79-85.

[33] 吕欣姗,白滨.老挝职业教育体系、管理制度与发展趋势研究[J].中国职业技术教育,2020(12):84-90.

[34] 马晨晨.人类命运共同体的全球治理观[J].中南民族大学学报(人文社会科学版),2024,44(3):95-103,185.

[35] 莫海文,李晓峰,赵金钟.东盟国家教育政策发展研究[M].广州:华南理工大学出版社,2020.

[36] 农业农村部对外经济合作中心.澜沧江—湄公河农业合作发展报告2021[M].北京:商务印书馆,2021.

[37] 潘军.农业职业教育赋能乡村振兴的逻辑向度与实践进路——基于耦合协调视角[J].教育与职业,2023(2):73-80.

[38] 潘妮(OUNMIXAY PHANIVONE).老挝高等职业教育教学管理研究[D].昆明:云南大学,2020.

[39] 彭牧青."一带一路"背景下中国对老挝援助及投资减贫效应[J].山西财经大学学报,2020,42(S2):22-24,42.

[40] 邱金林.职业教育国际化产教融合发展的探索与思考——基于构建中国—东盟职教共同体的职业院校实践[J].职业技术教育,2020,41(6):24-28.

[41] 任君庆,王琪."一带一路"职业教育研究蓝皮书:东盟卷[M].厦门:厦门大学出版社,2020.

[42] 任珂瑶,钮菊生,艾伦.共建中老命运共同体路径探析[J].和平与发展,2020(4):115-131,136.

[43] 史洪波,王屹.中国—东盟命运共同体建设十周年:广西职教"出海"的成就、问题及方向[J].职业技术教育,2024,45(6):20-24.

[44] 舒尔茨.改造传统农业[M].北京:商务印书馆,1987.

[45] 宋万.老中合作的社会基础与老挝公众对"一带一路"的认知研究[D].武汉:武汉大学,2020.

[46] 苏玉玲.老挝职业教育政策变迁研究[D].南宁:广西大学,2023.

[47] 覃绍娇,林丽."一带一路"背景下中国—东盟高等职业教育合作:表征、根源及对策[J].职业技术教育,2023,44(36):68-75.

[48] 唐永发.老挝绿色产业发展问题研究——以农业、旅游、生物能源和水电为例[D].北京:首都经济贸易大学,2019.

[49] 陶文娟. 老挝高等教育及其管理研究[M]. 北京：现代教育出版社，2020.
[50] 汪少贤，苏婷婷，张龙. 老挝巴巴萨技术学院的发展历程、办学特色及其启示[J]. 湖南工业职业技术学院学报，2021，21(4)：80-83.
[51] 王建梁，李欢. 老挝教育受援有效性的实践检视与提升路径[J]. 比较教育学报，2024(2)：87-100.
[52] 王瑾，胡恩华. 生态农业培训模式的合法性构建及战略选择[J]. 江苏农业科学，2023，51(23)：219-226.
[53] 王蓉霞. 高职院校老挝留学生心理适应性分析及对策研究[J]. 成都航空职业技术学院学报，2019，35(4)：8-10，24.
[54] 王文雯. 互联互通：东盟地区职业技术教育区域化发展研究[M]. 杭州：浙江大学出版社，2022.
[55] 王小欣，韦显恒，奉志高，等. 老挝农资市场现状调查及分析[J]. 广西农学报，2017，32(4)：50-52，55.
[56] 王屹. 共建"一带一路"：全面走向世界的中国—东盟职业教育[J]. 职业技术教育，2024，45(6)：1.
[57] 王英宏. 中国对老挝教育外交：高等教育领域[D]. 南宁：广西民族大学，2020.
[58] 王远霞，李莹，王芳. 在滇高职院校老挝留学生跨文化适应性实证研究[J]. 高教学刊，2022，8(4)：192-196.
[59] 王志章，郝立. 中国与东盟反贫困合作路径研究[J]. 广西社会科学，2017(1)：38-42.
[60] 王忠昌，李晓娟. "一带一路"背景下中国—东盟职业教育校企共同体建构[J]. 职业技术教育，2020，41(34)：68-73.
[61] 谢柱军. 2023 年老挝研究发展报告[J]. 东南亚纵横，2024(3)：37-43.
[62] 徐瑶，田自立，刘好，等. "一带一路"背景下在黔留学生"知华"教育研究——以铜仁职业技术学院为个案分析[J]. 大陆桥视野，2021(2)：117-118.
[63] 晏龙强，邓振华，张丽妮. 贵州高职院校国际合作办学的实践与思考——以铜仁职业技术学院为例[J]. 铜仁学院学报，2017，19(1)：66-70.
[64] 易红梅，刘慧迪，邓洋，等. 职业教育与农业劳动生产率提升：现状、挑战与政策建议[J]. 中国职业技术教育，2022(10)：34-41.
[65] 银斋·银塔维康，孔奇特·普塔伊宾，敏文. 老挝人民视角中的"一带一路"倡议[J]. 世界社会主义研究，2021，6(1)：27-30.
[66] 袁金秋，唐鹏，刘笑. 高职院校来华留学生管理工作创新措施研究——以江苏农牧

科技职业学院为例[J]. 中国多媒体与网络教学学报(中旬刊),2023(12):156-159.

[67] 袁金秋,唐现文,金濯. 高职农牧类专业群中外学生交换培养模式研究与实践——以江苏农牧科技职业学院为例[J]. 中国多媒体与网络教学学报(中旬刊),2023(11):66-69.

[68] 袁若兰,廖文梅,邱海兰. 农业技术培训、经营规模对农业生产效率的影响——以水稻栽培技术为例[J]. 中国农业资源与区划,2023,44(7):216-226.

[69] 袁同凯. 老挝北部 Lanten 人的学校教育——人类学视野中的个案研究[J]. 民族教育研究,2009(6):54-58.

[70] 袁同凯. 在异域做田野:老挝的经历——兼论田野资料的"准确性"与"真实性"问题[J]. 广西民族大学学报(哲学社会科学版),2009(5):14-18.

[71] 曾茂林,陆潇原. 中国—东盟职业教育互动共赢合作机制研究[J]. 职教论坛,2019(7):165-169.

[72] 张景春,张命华,邓振华,等. 创新高职教育开放办学理念促进国际交流合作品牌发展——以铜仁职业技术学院为例[J]. 世界教育信息,2020(S1):109-112.

[73] 张菊霞,任洁华. 中国—东盟职业教育跨域治理的探索、挑战与机制[J]. 中国高教研究,2022(5):95-101.

[74] 张俊青,陈正振. 部省共建面向东盟的职业教育开放合作创新高地初探[J]. 教育与职业,2023(13):99-104.

[75] 张蕾,刘根梅. 职业教育助力农业农村优先发展的实现路径[J]. 中国农业资源与区划,2023,44(12):94.

[76] 张秋凤,杨满福. "一带一路"视域下中国—东盟职业教育合作的问题表征与推进策略[J]. 教育与职业,2021(7):12-18.

[77] 张秋凤. 一带一路背景下中国—东盟职业教育合作机制研究[M]. 北京:中国轻工业出版社,2023.

[78] 张雪翠,王忠昌. 中国—东盟 30 年职业教育国际合作:回顾与展望[J]. 职业技术教育,2024,45(6):13-19.

[79] 张永富,徐辉. 人类命运共同体视域下国际教育援助的核心内涵、理论特征与时代价值[J]. 西南大学学报(社会科学版),2021,47(5):102-109,225.

[80] 赵祺,罗圣荣. 共同利益、身份认同与中国—东盟战略互信的逻辑[J]. 印度洋经济体研究,2022(1):18-39,152-153.

[81]赵鸭桥,孙艺嘉,晋燕. 中国—老挝农业投资面面观[M]. 昆明:云南科技出版

社,2016.

[82] 赵岩.高职院校国际学生"中文+职业技能"课程体系的探索与实践——以铜仁职业技术学院为例[J].河北职业教育,2022,6(4):54-59,70.

[83] 赵岩,何思雨,高欢,等.贵州职业教育"走出去"与老挝乡村教育发展刍议[J].九江职业技术学院学报,2022(1):52-56.

[84] 赵岩,何思雨.中国与老挝职业教育交流合作的实践样态与优化路径——以贵州省为例[J].职业技术,2022,21(6):1-8.

[85] 郑玲玲,金喜在.经济学视角下的农业转移人口职业教育问题[J].税务与经济,2016(4):54-59.

[86] 中国—东盟命运共同体建设:职业教育的作为与担当[J].职业技术教育,2024,45(6):6-7.

[87] 中华人民共和国外交部政策规划司.中国外交[M].北京:世界知识出版社,2022.

[88] 周岚."一带一路"背景下来华学历留学生课程体系建设研究——以老挝旅游类专业为例[J].宁波职业技术学院学报,2020,24(6):16-20.

[89] 俎文红.欧美主要发达国家农业职业教育培训体制及启示[J].黑龙江畜牧兽医,2017(14):264-267.

[90] Phommavanh(眼光) K.老挝农业发展面临的困境与提升路径[D].昆明:云南大学,2021.

后　记

本书基于近20年来广西农业职业技术大学所开展的中国—老挝农业职业教育合作工作基础，对积累的大量素材进行整理、扩展、深化而成。作为全国教育科学规划课题"'一带一路'倡议下中国—老挝农业职业教育合作机制研究"的核心成果，本书深入探讨合作机制，要求具备理论研究的深度、政治站位的高度、实践举措的厚度，撰写难度远超以往叙事性、工作总结性的对外合作交流材料。

组建志同道合、同心协力的团队是研究这种涉及面广、敏感复杂、高难度课题的先决条件。自2007年进入原广西农业职业技术学院高等职业教育研究所工作以来，我一直专注于做好农业职业教育课题管理工作，积累了丰富的科研经验，2018年开始组建中国—老挝农业职业教育研究团队，成员包括国际交流与合作处、高等职业教育研究中心以及其他二级学院的教师，专业领域涵盖泰语、老挝语、英语、农业技术、中文国际教育、教育学等，团队获得2019年广西职业教育自治区级教学成果等次评定一等"技术导向·基地支撑——科研助推基层农业技术技能人才培养的探索与实践"、2022年职业教育国家级教学成果奖二等奖"平台支撑　科研助推　精准帮扶：'1＋N'乡村人才培训模式本土与异国实践"、2023年广西职业教育教学成果等次评定一等"跨国'研—学—产'融合助推老挝农业人才培训高质量发展的十年创新实践"等标志性成果。同时，团队成员主持或主要参与了多项对外合作交流教研教改、社会科学、自然科学课题。团队成员在这些教学成果奖培育和课题研究工作中，分工协作、吃苦耐劳，顺利晋升教授、副教授职称，形成一支团结、敬业、高素质的研究团队，为未来深入进行中国—东盟农业职业教育合作研究，拓宽研究领域，争取更多高质量研究成果奠定了良好基础。

感谢学校对研究团队工作的大力支持，感恩北京师范大学国际与比较教育研究院滕珺教授团队给予我校研究团队的悉心指导，对中国—东盟农业职业教育联盟成员老挝东坎商农业技术学院、江苏农林职业技术学院、江苏农牧科技职业学院、成都农业科技职业学院等兄弟院校，以及老挝农林与农村发展研究院等单位给予课题研究数据资料等各种帮助，一并致谢。

禤美琦

2024年8月12日

附　图

ສາທາລະນະລັດ ປະຊາທິປະໄຕ ປະຊາຊົນລາວ
ສັນຕິພາບ ເອກະລາດ ປະຊາທິປະໄຕ ເອກະພາບ ວັດທະນະຖາວອນ

ກະຊວງກະສິກຳ ແລະ ປ່າໄມ້ 　 **ໃບຍ້ອງຍໍ** 　 ເລກທີ 1874/ກປ

ລັດຖະມົນຕີກະຊວງກະສິກຳ ແລະ ປ່າໄມ້

ຕົກລົງມອບໃບຍ້ອງຍໍໃຫ້ Guangxi Agriculture Vocational College, P.R. China
ທີ່ໄດ້ມີຄຸນງາມຄວາມດີ ປະກອບສ່ວນດີເດັ່ນເຂົ້າໃນວຽກງານພັດທະນາຂະແໜງກະສິກຳ, ປ່າໄມ້ ແລະ ພັດທະນາຊົນນະບົດ ໄດ້ຮັບຜົນສຳເລັດເປັນຢ່າງດີ.

ດັ່ງນັ້ນ ຈຶ່ງໄດ້ມອບໃບຍ້ອງຍໍນີ້ໃຫ້ ເພື່ອເປັນການຍ້ອງຍໍສັນລະເສີນຜົນງານຂອງທ່ານ ແລະ ໄດ້ບັນທຶກໄວ້ໃນປຶ້ມຍ້ອງຍໍຜົນງານ ຂອງກະຊວງກະສິກຳ ແລະ ປ່າໄມ້.

ນະຄອນຫຼວງວຽງຈັນ, ວັນທີ 17 SEP 2020
ລັດຖະມົນຕີກະຊວງກະສິກຳ ແລະ ປ່າໄມ້
ປອ.ລຽນ ທິແກ້ວ

老挝人民民主共和国
和平 独立 民主 统一 繁荣

农林部　　　　　　　　　　　　　　　　　　　　编号:1874

奖状

农林部部长

决定授予此荣誉给：广西农业职业技术学院，

以表彰其单位在农业、林业和社会发展工作中的杰出表现，及取得的突出成就。

因此，特授予此奖，为称赞获奖单位的工作成果，并作为农林部颁发的成就证书予以留存。

万象市，2020 年 9 月 17 日
农林部部长
连・提乔（签章）

老挝农林部授予广西农业职业技术学院“为老挝农业、林业和社会发展作出杰出贡献奖”

ສາທາລະນະລັດ ປະຊາທິປະໄຕ ປະຊາຊົນລາວ
ສັນຕິພາບ ເອກະລາດ ປະຊາທິປະໄຕ ເອກະພາບ ວັດທະນະຖາວອນ

ໃບຍ້ອງຍໍ

ລັດຖະມົນຕີ ກະຊວງສຶກສາທິການ ແລະ ກິລາ

ມອບໃບຍ້ອງຍໍໃຫ້ ມະຫາວິທະຍາໄລເຕັກນິກ-ວິຊາຊີບກະສິກຳກວາງຊີ

ທີ່ມີຜົນງານດີເດັ່ນ ໃນການປະກອບສ່ວນ ສົ່ງເສີມ ແລະ ຜັນຂະຫຍາຍການຮ່ວມມື ວຽກງານວິຊາການ ຂະແໜງການສຶກສາ, ວິທະຍາສາດ ແລະ ກິລາ ສົກຮຽນ 2023-2024.

ຕາມຂໍ້ຕົກລົງ ສະບັບເລກທີ 7748 - - - - /ສສກ   ວັນທີ 22 OCT 2024 ເດືອນ ..... ປີ .....

ລັດຖະມົນຕີ

ຣສ. ປອ. ພຸດ ສິມມາລາວົງ

老挝人民民主共和国
和平 独立 民主 统一 繁荣

荣誉证书

教育与体育部

兹颁发给 广西农业职业技术大学

以表彰其 在2023-2024年度为推动和促进教育、科学与体育行业的合作所作出的突出贡献。

日期：2024年10月22日

部长

教育与体育部部长（印章）

普·西玛哈翁（签字、盖章）

由老挝教育与体育部第7748号文件翻译而来，信息内容真实有效

发扬优良传统

老挝教育与体育部授予广西农业职业技术大学“突出贡献奖”

中国—老挝合作农作物优良品种试验站水稻绿色增产技术田间培训

中方教师在中国—老挝合作农作物优良品种试验站多媒体教室进行火龙果种植理论培训

中国—老挝合作农作物优良品种试验站开展大豆标准化种植技术培训

中国—老挝合作农作物优良品种试验站技术员到老挝万象市

塞塔尼县金花村进行蔬菜种植指导

中国(广西)援助东亚减贫示范合作技术援助项目征集
万象市桑通县版索村村民对发展项目的意见

老挝东坎商农业技术学院校门

老挝东坎商农业技术学院教学楼

老挝东坎商农业技术学院的种植类实训基地(一)

老挝东坎商农业技术学院的种植类实训基地(二)

广西农业职业技术大学与老方举办中老建交60周年暨中国—老挝合作农作物优良品种试验站丰收节线上庆典活动

广西农业职业技术大学举办中国—东盟农业职业教育交流会

中国—老挝合作农作物优良品种试验站开展水稻水气平衡栽培技术规程示范项目

老挝高校实习生在中国—老挝合作农作物优良品种试验站学习哈密瓜种植技术

广西农业职业技术大学老挝分校 2023 级学生在中国—老挝合作农作物优良品种试验站参加露地西瓜标准化种植技术培训班

广西农业职业技术大学老挝分校 2023 级学生在中国—老挝合作农作物优良品种试验站参加现代农业机械化应用技术培训班

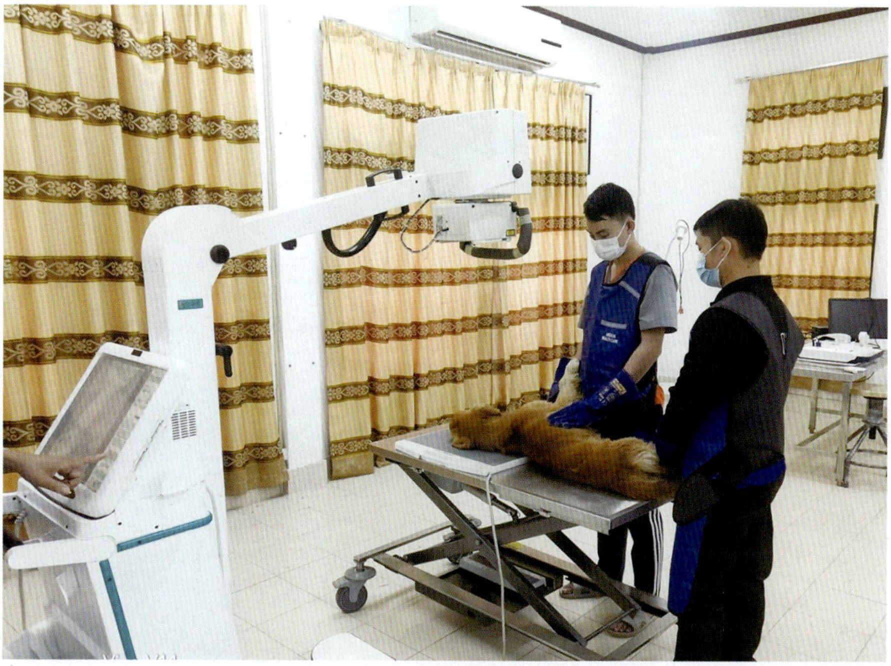

广西农业职业技术大学老挝分校 2023 级学生在上实践课

老挝东坎商农业技术学院学生到试验站学习火龙果种植技术

广西农业职业技术大学与老挝东坎商技术学院共同进行留学生人才培养方案修订

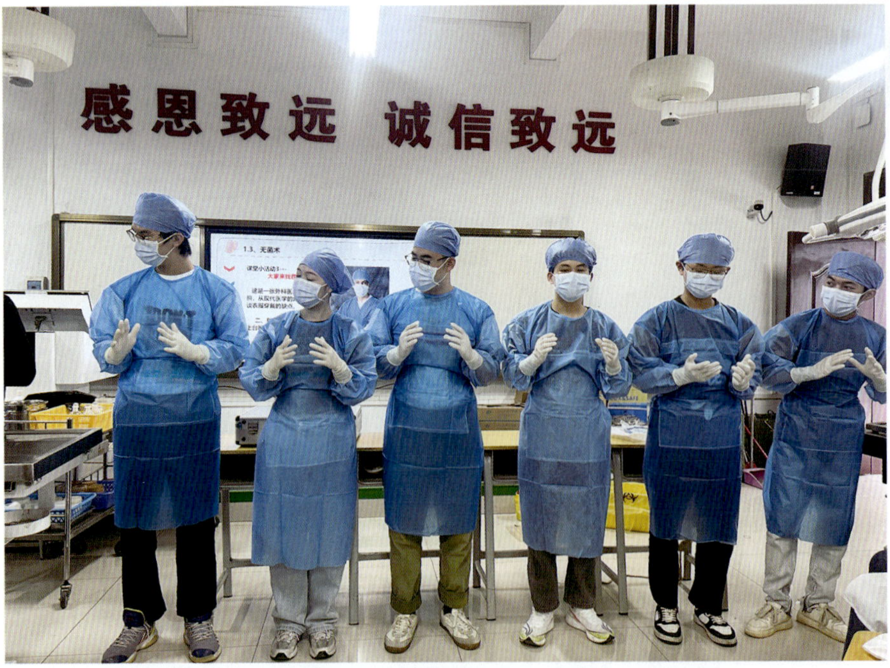

畜牧专业老挝留学生在上实训课

广西农业职业技术大学师生到中国—老挝合作农作物优良品种试验站研学

广西农业职业技术大学师生到炫烨(老挝)有限公司研学

老挝分校 2024 年学生技能大赛（畜牧兽医专业）

老挝分校 2024 年学生技能大赛(作物生产与经营管理专业)

老挝留学生到广西昇华农业科技有限公司交流学习

留学生“中国概况”课堂活动——猜灯谜

留学生参观广西民族博物馆

留学生参加广西高校国际学生广西民族传统体育运动会